Pflanzen bestimmen nach Tabellen

Der sichere Einstieg

126. Auflage
bearbeitet von
Michael Koltzenburg

Quelle & Meyer Verlag
Wiebelsheim

INHALT

VORWORT ZUR 126. AUFLAGE

Die Tabellen zum Bestimmen von Pflanzen sind, wie die hohe Zahl der Auflagen zeigt, sehr beliebt. Sie gehen noch auf OTTO SCHMEIL zurück, der die ursprüngliche Auswahl der Arten bestimmte und die Schlüssel gestaltete. In der mittlerweile 126. Auflage erscheinen sie nun wieder modifiziert als separat erhältliches Büchlein. Die Tabellen lehnen sich an das Grundlagenbestimmungswerk SCHMEIL-FITSCHEN, „DIE FLORA DEUTSCHLANDS und angrenzender Länder" an, dessen 98. Auflage im Jahr 2024 erschien.

Dieses Büchlein will und kann keine umfassende Flora ersetzen. Die Bestimmung führt zuweilen nur bis zu einer Gattung oder einer Familie, um bei artenreicheren Komplexen wenigstens eine grobe Einordnung vornehmen zu können.

Es soll aber in Zeiten schwindender Artenkenntnis Interesse an der Botanik wecken und den Zugang zur Pflanzenbestimmung eröffnen. Es gibt eine Reihe von Herausforderungen beim Kennenlernen von Pflanzenarten, aber auch genügend Wege, um damit umzugehen. Die Pflanzenvielfalt ist groß, kein Bestimmungsschlüssel ist perfekt und keine App unfehlbar. Und man braucht etwas Ausdauer. Schriftlastige „Bestimmungsschlüssel" schrecken viele Anfängerinnen und Anfänger ab, erste Versuche gehen daher leichter über mit Fotos oder Zeichnungen bebilderte Bücher. Aber auch bei diesen wird oft nur eine Auswahl gezeigt. Man kann sich also nur in einigen Fällen sicher sein, eine Art richtig bestimmt zu haben, aber das ist schon viel besser als gar nichts! Um nun die Vorbehalte gegen Bestimmungsschlüssel abzubauen, sei Ihnen dieses Büchlein mit einer reduzierten Auswahl an Pflanzen zum Einstieg empfohlen.

Mit den Bestimmungstabellen sollten auch Anfängerinnen und Anfänger ohne große Mühe den Namen einer unbekannten Pflanze ermitteln können. Vorher sollte man sich aber in die Begrifflichkeiten einarbeiten oder ggf. nachschlagen.

Die Bestimmungsschlüssel sind durchnummerierte Auflistungen von alternativen Merkmalsgruppen, die für die zu bestimmende Pflanze zutreffen und an ihr durch genaues Untersuchen der im Schlüssel geforderten Merkmale ermittelt werden müssen. Die Schlüssel sind dichotom (zweigabelig) aufgebaut, d. h., man kann und muss sich stets jeweils zwischen zwei alternativen Merkmalskombinationen (und/oder -zuständen) entscheiden. Die erste Alternative ist durch eine Zahl, gefolgt von a, die zweite durch einen Strich (—), gefolgt von b, am linken Rand gekennzeichnet.

Hat man sich nach sorgfältiger Prüfung der Merkmale der Pflanze für die zutreffende Merkmalskombination entschieden, so findet man am rechten Rand eine Zahl, bei der die Bestimmung fortgeführt wird, usw., bis man letztlich zu einem Familien-, Gattungs- oder Artnamen gelangt. Geht die Bestimmung in einem weiteren Schlüssel weiter, folgt nach der Schlüsselbezeichnung eine Seitenzahl, die mit T- beginnt.

Erste Schritte in die Pflanzenbestimmung gelingen am sichersten mit bekannten Arten wie Gänseblümchen, Schneeglöckchen oder Brennnessel. Dann ist das Ziel klar und in den Schlüsseln kann man ja auch rückwärts gehen. Prägen Sie sich die Wuchsorte ein: Wiese, Acker, Wald, Gewässer, Wegrand, Garten ... Die Pflanzen tun das auch, die meisten wachsen eben nicht „überall". Auch Pflanzen machen „Fehler": Beispielsweise kann ein Individuum 5 Kronblätter haben, selbst wenn im Text 6 steht. Dann suchen Sie sich ein zweites Individuum in der Nähe zum Vergleich. Und bitte wundern Sie sich nicht, wenn in verschiedenen Büchern manchmal verschiedene Namen für dieselbe Pflanze stehen: Der wissenschaftliche Fortschritt macht zuweilen Umbenennungen erforderlich. Am besten nutzen Sie daher möglichst aktuelle Bestimmungsbücher.

Die „Tabellen" schließen sich auch an die Philosophie der sog. Feldbotanik-Zertifikate an, die sich, aus der Schweiz kommend, inzwischen auch auf Deutschland und Österreich ausweiten. Die regionalen Prüfungen dafür sollen in Stufen und mit Zusatzmodulen Interessierte für die Beschäftigung mit der Botanik animieren und auf dem Arbeitsmarkt anerkannt werden. Die unterste Stufe deckt in Deutschland 200 häufige Arten ab, wobei sich regionale Unterschiede in den Zertifikatsprüfungen niederschlagen. Dieses Niveau soll sich auch in den „Tabellen" wiederfinden, wobei aber derzeit noch einiges im Fluss ist.

Die Auswahl der übrigen Taxa entspricht der früherer Auflagen. Darunter befinden sich auch auffällige Taxa sowie Nutz- und Zierpflanzen.

Verlag und Bearbeiter möchten Ihnen Mut für eigene Versuche, eigene Entdeckungen, weitere Schritte machen.

Michael Koltzenburg

ERLÄUTERUNG WICHTIGER FACHAUSDRÜCKE

Familie, Gattung, Art

Der Name einer Art setzt sich aus dem Namen der Gattung und einem Eigennamen zusammen, z. B. *Ranunculus acris*. Dabei wird der Gattungsname großgeschrieben, das Art-Epitheton klein. Mehrere Gattungen werden zu einer Familie zusammengefasst. Die Gattung *Ranunculus* beispielsweise gehört also mit anderen Gattungen zur Familie der Ranunculaceae. Bei der Gattung *Ranunculus* wird auch eine Untergattung (= subgen.) *Batrachium* verschlüsselt. Familien werden aufgrund ihrer Verwandtschaftsverhältnisse zu weiteren übergeordneten Gruppen kombiniert.

Wissenschaftliche Gattungs- und Artnamen stehen in kursiver Schrift, die Familiennamen in Grundschrift. Die Betonung beim Aussprechen der wissenschaftlichen Namen wird durch Unterstrich unter dem Vokal symbolisiert. Beispiel: *Ranunculus* – die Betonung liegt auf der zweiten Silbe.

Zur schnellen Orientierung ist es sehr hilfreich, sich typische Merkmale einzuprägen und sich die Familiennamen zu merken, deren wissenschaftliche Namen in der Botanik auf „-aceae" enden.

Anordnung der Blätter

Blätter heißen grundständig, wenn sie am Grund des Stängels entspringen; stehen sie dabei dicht gedrängt, so bilden sie eine Rosette. Blätter sind gegenständig, wenn sich je 2 Blätter in gleicher Höhe gegenüberstehen, quirlständig, wenn mehr als 2 Blätter in gleicher Höhe am Stängel entspringen, wechselständig, wenn sie einzeln in ungleicher Höhe am Stängel sitzen.

Form des Blatts und des Blattrands

Die Blätter können nadelförmig (Abb. 1), linealisch (2), lanzettlich (3), eiförmig (4), elliptisch (5), nierenförmig (6), herzförmig (7), pfeilförmig (8) oder spießförmig (9) sein.

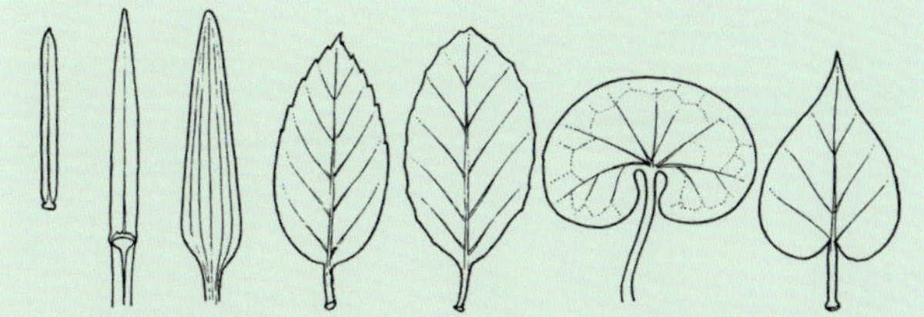

Abb. 1 Abb. 2 Abb. 3 Abb. 4 Abb. 5 Abb. 6 Abb. 7

Es gibt einfache und zusammengesetzte Blätter. Zusammengesetzte Blätter bestehen aus mehreren, völlig getrennten Blättchen; sie heißen gefiedert (Abb. 10), wenn der Blattstiel an 2 gegenüberliegenden Seiten Fiederblättchen trägt; handförmig oder gefingert (Abb. 11) sind sie, wenn mehrere Blättchen von einem Punkt ausgehen.

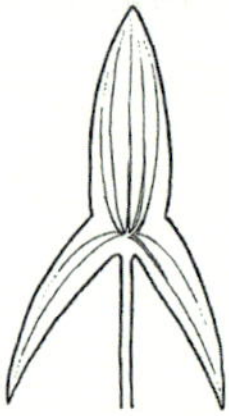
Abb. 8

Abb. 9

Abb. 10

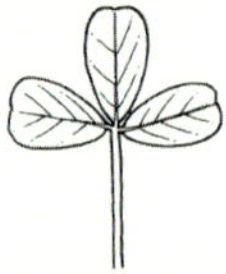
Abb. 11

Dem Blattrand nach unterscheidet man ganzrandige (Abb. 12), gesägte (13), gezähnte (14), gekerbte (15), gebuchtete (16) oder fiederspaltige (17) Blätter. Blattartige Lappen am Grund des Blattstiels nennt man Nebenblätter (vgl. Abb. 10, 40, 41, 42, 125, 126 Nb). Nach dem Verlauf der Leitbündel (auch als Nerven oder Adern bezeichnet) ist zwischen parallelnervigen (149) und fiedernervigen (z. B. 9) Blättern zu unterscheiden.

Abb. 12

Abb. 13

Abb. 14

Abb. 15

Abb. 16

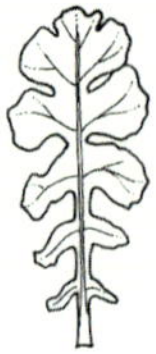
Abb. 17

Blüte

Die Teile einer Blüte (Abb. 18) sind Blütenboden oder Blütenachse (Ba), Kelchblätter (K), Kronblätter („Blumenblätter") (Kr), Staubblätter (St) und Stempel, der sich in Fruchtknoten (F), Griffel und Narbe gliedert. Der Fruchtknoten kann oberständig (19), mittelständig (20) oder unterständig (21) sein. Der unterständige Fruchtknoten ist mit der Blütenachse verwachsen, der mittelständige nicht. Zuweilen sind im Blütenzentrum Nebenkronen als Auswüchse der Kronblätter ausgebildet (22, NKr).

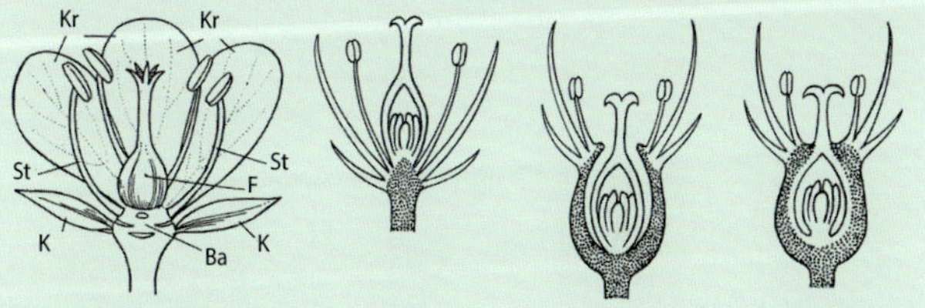

Abb. 18 Abb. 19 Abb. 20 Abb. 21

Blüten sind eingeschlechtig, wenn sie nur Staubblätter (dann sind die Blüten männlich) oder nur Stempel (dann sind die Blüten weiblich) enthalten. Zwittrige Blüten enthalten sowohl Staubblätter als auch Stempel.

Die Blütenhülle ist einfach, wenn der Kelch fehlt oder wenn alle Blätter der Blütenhülle gleichgestaltet sind, und doppelt, wenn Kelch und Krone unterscheidbar sind. Strahlige Blüten (Abb. 23) können durch mehr als eine Schnittebene in spiegelbildlich gleiche Hälften geteilt werden; zweiseitig-symmetrische Blüten (24) lassen sich nur durch eine Ebene in 2 gleiche Hälften zerlegen.

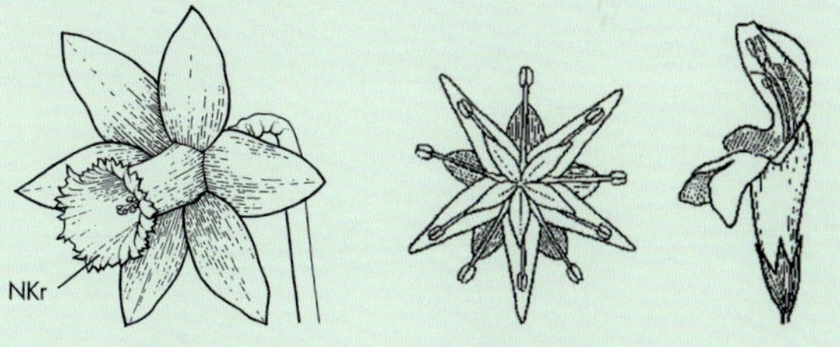

Abb. 22 Abb. 23 Abb. 24

Blütenstände

Sie werden nach der Anordnung der Einzelblüten unterschieden. Bei der Traube (Abb. 25) sind die Einzelblüten gestielt, aber nicht verzweigt; bei der Rispe (26) sind die Blütenstiele verzweigt. Die Spirre (27) ist der rispenartige Blütenstand der Riedgräser

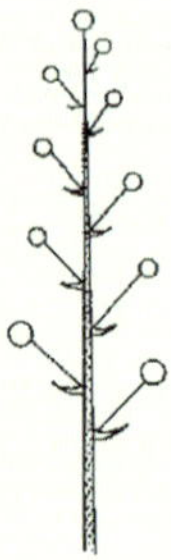
Abb. 25

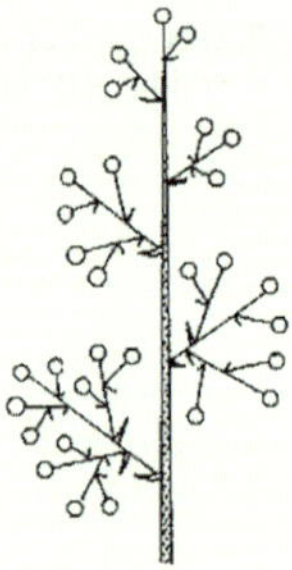
Abb. 26

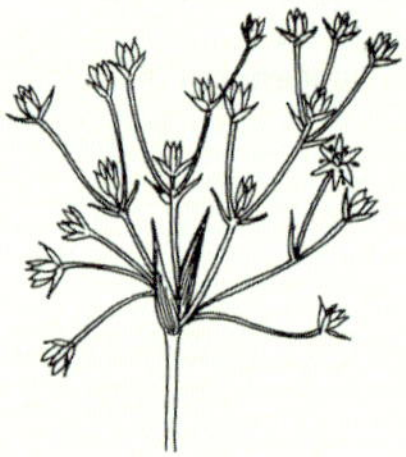
Abb. 27

und Binsen. Bei der Ähre (28) sind die Einzelblüten nicht gestielt, sondern sitzend. Bei einem Köpfchen stehen viele kurzgestielte oder ungestielte Blüten dicht gedrängt auf dem verbreiterten Stängel; ist das Köpfchen von einem Kranz von Hüllblättern (Hüllkelch, 29, J) umgeben, so heißt es Körbchen (29). Bei der Dolde (30) entspringen die Blütenstiele an einem Punkt; man spricht von einer zusammengesetzten Dolde (31), wenn von einem Punkt mehrere Dolden, die Döldchen, ausgehen. Die Tragblättchen an der Basis der Doldenstrahlen heißen Hülle (H), die an der Basis der Döldchenstrahlen nennt man Hüllchen (h).

Spreublätter sind kleine Tragblätter (oder Borsten), die Einzelblüten innerhalb eines Blütenkorbs (bei manchen Korbblütlern, *Scabiosa*) umgeben.

Abb. 28

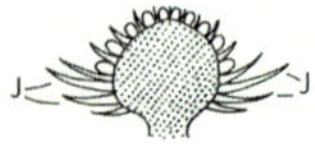

Abb. 29

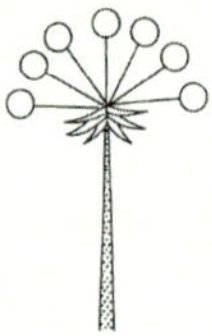
Abb. 30

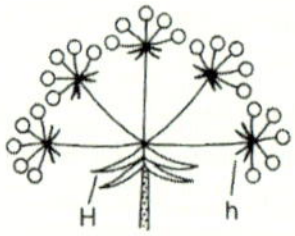

Abb. 31

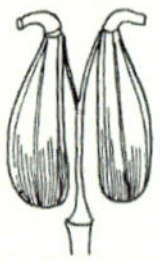
Abb. 32

Früchte

Trockene Früchte, die sich bei der Reife nicht öffnen, heißen Schließfrüchte (z. B. die Haselnuss); zerfallen diese bei der Reife in 2 oder mehr einsamige Früchte, so heißen sie Spaltfrüchte (Abb. 32).

Kapselfrüchte springen zur Reifezeit auf und streuen die Samen durch Spalten und Löcher aus (z. B. Mohn, Abb. 73). Zu den Kapselfrüchten gehört die Hülse; sie springt bei der Reife an der Bauch- und der Rückennaht auf; ihr fehlt eine Scheidewand (Beispiel: Erbse). Die Schote (Abb. 117) springt ebenfalls mit 2 Klappen auf, sie ist jedoch durch eine Längsscheidewand in 2 Hälften geteilt, an der die Samen oft noch längere Zeit sitzen bleiben (z. B. bei den Kreuzblütlern).

Saftige Früchte heißen Beeren, wenn sie innen fleischig und außen von einer derben Haut umgeben sind (z. B. die Weinbeere). Steinfrüchte haben innen einen harten Kern, der von einem oft saftigen Fruchtfleisch umgeben ist (z. B. die Kirsche).

Dornen und Stacheln

Dornen sind spitz zulaufende, meist verholzte Seitentriebe (bei Weißdorn, Schlehe, Stachelbeere!); Stacheln sind Auswüchse der Sprossepidermis und können leicht abgebrochen werden (bei Rosen, Brombeeren).

Hinweise zu verschiedenen Gruppen

Grasartige

Zum Bestimmen von grasartigen Pflanzen braucht man eine gute Lupe. Aber keine Angst, zumindest die Gattungen sind oft recht einfach zu erkennen.

Binsengewächse

Die Hüllen der zwittrigen Blüten von Binsen (*Juncus*) und Simsen (*Luzula*) erinnern an kleine Tulpenblüten.

Süßgräser (Poaceae)

Die meist zwittrigen Blüten sind in Ähren oder Rispen (oder der Zwischenform Ährenrispen) angeordnet.

Die Teilblütenstände = Ährchen (Abb. 33) bestehen je nach Art aus 1 Blüte oder mehreren Blüten. Die Blütenhüllblätter werden als Spelzen bezeichnet. Jedes Ährchen wird an der Basis von meist 2 (selten 4) Hüllspelzen (H) eingeschlossen. Jede Einzelblüte hat dann eine Deckspelze [D; oft mit Granne (G)] auf der Außenseite und eine Vorspelze (V) auf der Innenseite. Darin liegen die Staubblätter (S) mit ihren Staubfäden und Staubbeuteln. Die Fruchtknoten (F) erkennt man während der Blütezeit an den 2 Narben.

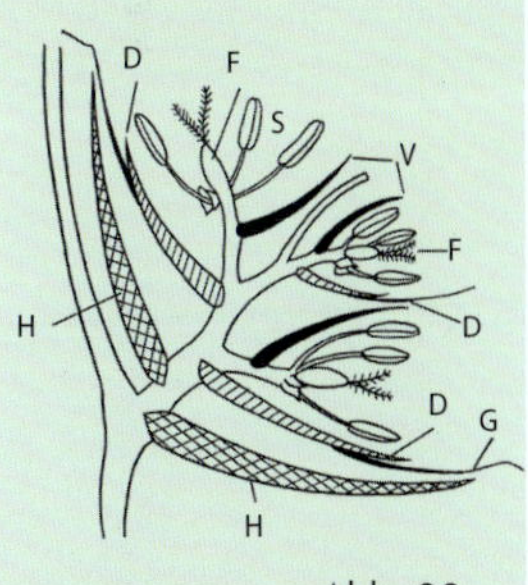

Abb. 33

Ein Blatthäutchen steht an der Basis der Blätter auf deren Oberseite und kann sehr unterschiedlich ausgebildet sein (Beispiele siehe Abb. 110–112).

Sauergräser (Cyperaceae)

Die Blüten sind in Ähren, Köpfchen oder Spirren angeordnet. Sie sind zwittrig oder bei den Seggen (*Carex*) eingeschlechtig. Es gibt einährige, gleichährige und verschiedenährige Seggen.

Die in den weiblichen Blüten der Seggen entstehenden Früchte (Utriculi) stehen in der Achsel von Tragblättern und umschließen mit ihrem an den Rändern verwachsenen Vorblatt den Fruchtknoten. Aus ihnen ragen 2 oder 3 Narben heraus; bitte mehrere Blüten anschauen, weil die Narben oft abbrechen. In den männlichen Blüten sind zur Blütezeit Staubblätter vorhanden.

Sporenpflanzen

Die Verbreitungseinheiten bei Farnen, Schachtelhalmen und Bärlappen heißen Sporen und werden in Sporangien gebildet. Bei Bärlappgewächsen stehen diese einzeln in Blattachseln oder in zu endständigen Ähren vereinigten Sporenblättern. Einige Schachtelhalme haben endständige Sporangienstände am Ende der grünen Sprosse, andere hingegen weisen eine Trennung in grüne Sprosse ohne und braune Sprosse mit Sporangienständen auf. Bei den typischen Farnen sind die Sporangien meist auf der Unterseite der Blätter (Wedel) zu Häufchen (Sori) vereinigt.

ÜBERSICHTSTABELLE

1 a Pflanzen mit grünen Blättern ... 2
— b Pflanzen wenigstens zur Blütezeit ohne grüne Blätter ... Tabelle VI, S. T-35
2 a Holzgewächse (Stängel zuweilen nur unten holzig) ... Tabelle I, S. T-11
— b Krautgewächse ... 3
3 a Wasserpflanzen (Blätter untergetaucht oder schwimmend) Tabelle II, S. T-19
— b Landpflanzen (auch Ufer- und Sumpfpflanzen) ... 4
4 a Gras- und schilfartige Gewächse ... Tabelle V, S. T-33
— b Andere Krautgewächse ... 5
5 a Sporenpflanzen (Pteridophyten; Pflanzen ohne Blüten und Samen):
Farne, Schachtelhalme und Bärlappe, S. T-36
— b Samenpflanzen (Pflanzen mit Blüten und Samen) ... 6
6 a Kelch und Blumenkrone deutlich unterscheidbar ... Tabelle III, S. T-20
— b Kelch und (Blumen-)Krone in der Farbe nicht unterschieden oder fehlend oder wegen ihrer Kleinheit schwer erkennbar ... Tabelle IV, S. T-28

TABELLE I

Holzgewächse

1 a Stängel nicht rankend oder kletternd ... 8
— b Stängel rankend oder kletternd ... 2
2 a Pflanze immergrün, mit Haftwurzeln kletternd; Abb. 34a + b
Efeu, ***Hedera helix***
— b Blätter im Herbst abfallend ... 3
3 a Blätter unzerteilt und ganzrandig Wald-Geißblatt, ***Lonicera periclymenum***
— b Blätter zusammengesetzt oder gelappt ... 4

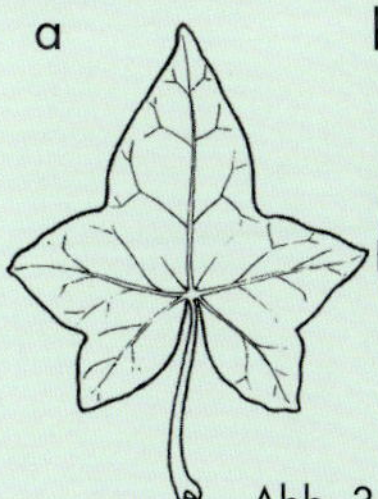

Abb. 34

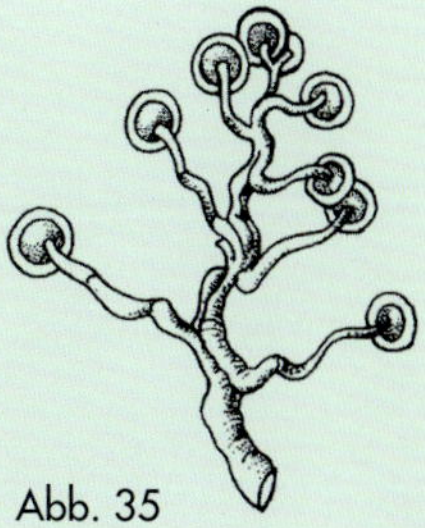

Abb. 35

4 a Blätter gelappt .... Weinrebe, ***Vitis vinifera***

— b Blätter zusammengesetzt 5

5 a Pflanze mit Stacheln .... Brombeere, Himbeere, Kratzbeere, ***Rubus*** 31

— b Pflanze ohne Stacheln, zuweilen aber mit Dornen 6

6 a Pflanze mit Ranken und Haftscheiben; Abb. 35
Wilder Wein, Jungfernrebe, ***Parthenocissus inserta***

— b Pflanze ohne Ranken 7

7 a Blüten violett .... Bittersüßer Nachtschatten, ***Solanum dulcamara***

— b Blüten weiß; Pflanze auch in umstehende Bäume hinaufwachsend
Gewöhnliche Waldrebe, ***Clematis vitalba***

8 a Pflanze im Winter ohne Laub 16

— b Pflanze immergrün 9

9 a Blätter nicht nadel- oder schuppenförmig 12

— b Blätter nadel- oder schuppenförmig 10

10 a Blüten groß, gelb; Abb. 39
Schmetterlingsblütler, Familienschlüssel **Fabaceae** T-48

— b Keine großen, gelben Blüten 11

11 a Nadelhölzer; Blüten unscheinbar, meist in Zapfen
Nacktsamige Pflanzen, Gruppenschlüssel **Gymnospermen** T-38

— b Heidekräuter; Blüten deutlich rot oder rosa, selten weiß
Heidekrautgewächse, Familienschlüssel **Ericaceae** T-58

12 a Blätter gegenständig 14

— b Blätter wechselständig 13

13 a Blätter steif, mit Dornen, mindestens 5 cm lang, Abb. 36; Blüten weiß
Stechpalme, ***Ilex aquifolium***

— b Blätter kürzer als 5 cm lang, ohne Dornen
Heidekrautgewächse, Familienschlüssel **Ericaceae** T-58

14 a Blüten blau, bis 3 cm groß .... Kleines Immergrün, ***Vinca minor***

— b Blüten weißlich gelb oder grünlich gelb 15

15 a Pflanze auf Bäumen oder Sträuchern wachsend; Blätter länglich, Abb. 37
Weißbeerige Mistel, ***Viscum album***

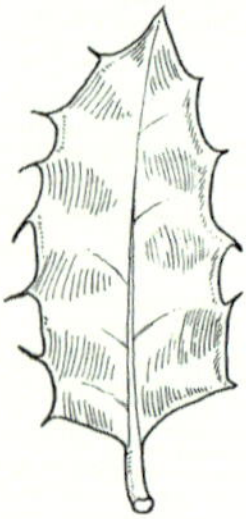

Abb. 36

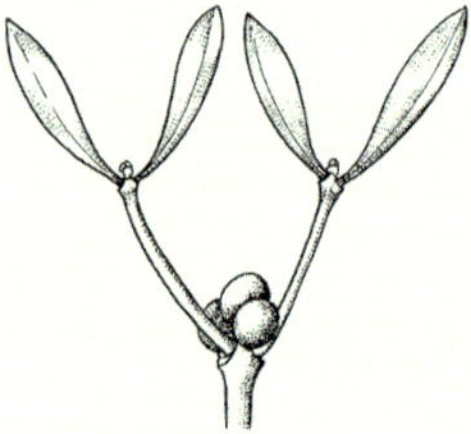

Abb. 37

— b Pflanze im Erdboden wurzelnd; Blätter elliptisch
Buchsbaum, ***Buxus sempervirens***

16 a Zur Blütezeit sind die Blätter mindestens z. T. entwickelt 27

— b Pflanze blüht vor Entfaltung der Blätter 17

17 a Blüten nicht in Kätzchen 21

— b Blüten in Kätzchen 18

18 a Während der Blüte alle Kätzchen aufrecht; Blätter mindestens doppelt so lang wie breit .... Weide, ***Salix***, Familienschlüssel **Salicaceae** T-53

— b Mindestens die männlichen Kätzchen hängend; Blätter höchstens doppelt so lang wie breit 19

19 a Schuppen der männlichen Kätzchen mit langen Haaren; Blattstiel mindestens 4 cm lang .... Pappel, ***Populus***, Familienschlüssel **Salicaceae** T-53

— b Schuppen der männlichen Kätzchen höchstens kurz behaart; Blattstiel kürzer als 4 cm 20

20 a Knospen ungestielt; weiblicher Blütenstand knospenförmig, oben mit roten Narben .... Gewöhnliche Hasel, ***Corylus avellana***

— b Knospen kurz gestielt; weibliche Blüten in walzenförmigen Kätzchen
Erle, ***Alnus*** 77

21 a Blüten klein, gelb, grüngelb oder rötlich braun 24

— b Blüten stets ansehnlich, weiß, rot, rosa; wenn goldgelb, einzeln stehend 22

22 a Kelch fehlend; 8 Staubblätter
Gewöhnlicher Seidelbast, Kellerhals, ***Daphne mezereum***

— b Blüten mit Kelch und Krone 23

23 a 2 Staubblätter .... Goldglöckchen, Forsythie, ***Forsythia***

— b (16–)20 und mehr Staubblätter
Rosengewächse, Familienschlüssel **Rosaceae** T-50

24 a Blüten ohne Hülle, mit 2 Staubblättern oder 1 Griffel oder beidem, Abb. 38
Gewöhnliche Esche, ***Fraxinus excelsior***

— b Blüten mit mindestens einer einfachen Blütenhülle 25

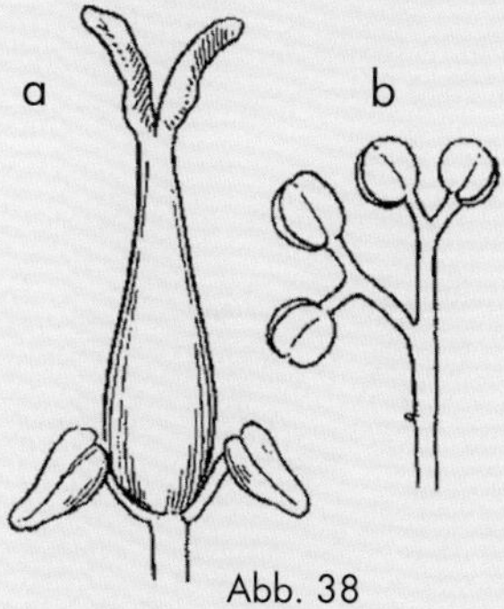

Abb. 38

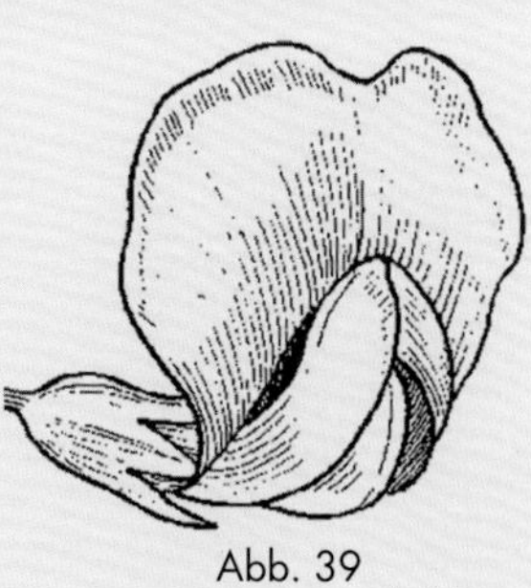
Abb. 39

25 a Blüten goldgelb, in kleinen kugeligen Dolden; Zierstrauch, selten wild
Europäische Kornelkirsche, ***Cornus mas***

— b Blüten grüngelb oder bräunlich rot 26

26 a Blüten gebüschelt, bräunlich rot; 5 Staubblätter
Ulme, Rüster, ***Ulmus***, vgl. 72a

— b Blüten in doldenförmigen Trauben, grünlich gelb (selten grünlich rot)
Ahorn, ***Acer***, Familienschlüssel **Sapindaceae** T-54

27 a Blätter nicht zusammengesetzt 40

— b Blätter aus einzelnen Blättchen zusammengesetzt 28

28 a Pflanze ohne Stacheln oder Dornen 33

— b Pflanze mit Stacheln oder Dornen 29

29 a Blüten zweiseitig-symmetrisch, Abb. 39
Schmetterlingsblütler, Familienschlüssel **Fabaceae** T-48

— b Blüten regelmäßig 30

30 a Nebenblätter seitlich am Blattstiel angewachsen, Abb. 40 .... Rose, ***Rosa***
Artenreiche Gattung, z. B.: Griffel nicht aus dem Blütenbecher herausragend, Nebenblätter ganzrandig, Kelchblätter fiederspaltig, Stacheln gleichartig und hakig gebogen, Blätter kahl und drüsenlos .... Hunds-Rose, ***Rosa canina***

— b Nebenblätter fädlich, frei, Abb. 41
Brombeere, Himbeere, Kratzbeere, ***Rubus*** 31

31 a Pflanze wie die dunkelblauen Früchte bläulich bereift
Kratzbeere, ***Rubus caesius***

— b Pflanze nicht bläulich bereift 32

32 a Blätter unterseits weißfilzig; Frucht rot .... Himbeere, ***Rubus idaeus***

— b Blätter unterseits grün oder grau; Frucht schwarz
Brombeere, ***Rubus fruticosus*** agg.

33 a Blätter gefiedert 36

— b Blätter gefingert 34

34 a Blätter 3-fingerig Schmetterlingsblütler, Familienschlüssel **Fabaceae** T-54

— b Blätter 5- bis 7-fingerig .... Rosskastanie, ***Aesculus*** 35

35 a Blüten weiß; Früchte bestachelt
Gewöhnliche Rosskastanie, ***Aesculus hippocastanum***

Abb. 40

Abb. 41

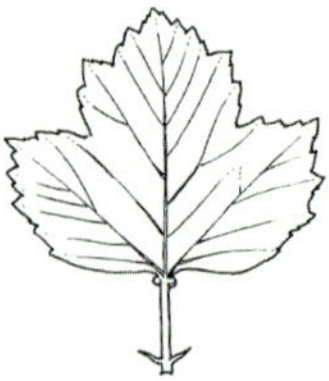
Abb. 42

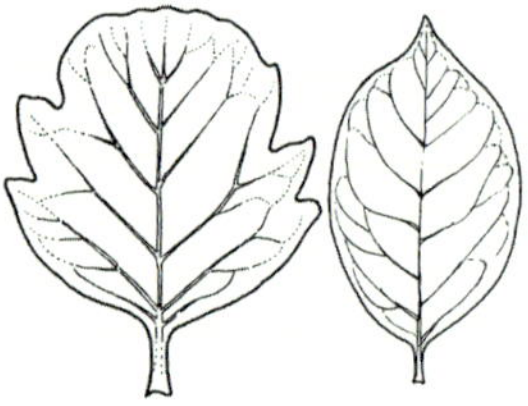
Abb. 43

— b Blüten rosa; Früchte oft unbestachelt
Rotblütige Rosskastanie, ***Aesculus* × *carnea***
36 a Blättchen gesägt oder gezähnt 38
— b Blättchen ganzrandig 37
37 a Blättchen über 8 cm lang .... Echte Walnuss, ***Juglans regia***
— b Blättchen kürzer als 8 cm
Schmetterlingsblütler, Familienschlüssel **Fabaceae** T-48
38 a Blätter wechselständig
Gewöhnliche Eberesche, Vogelbeere, ***Sorbus aucuparia***
— b Blätter gegenständig........ Holunder, ***Sambucus*** 39
39 a Blüten weiß; Früchte schwarz; in den Zweigen weißes Mark
Schwarzer Holunder, ***Sambucus nigra***
— b Blüten gelblich; Früchte rot; in den Zweigen braunes Mark
Trauben-Holunder, ***Sambucus racemosa***
40 a Blätter höchstens gesägt oder gezähnt 49
— b Blätter mit großen Einschnitten oder Buchten 41
41 a Blätter wechselständig 45
— b Blätter gegenständig 42
42 a Blüten grüngelb oder grünrot, wenig auffallend
Ahorn, ***Acer***, Familienschlüssel **Sapindaceae** T-54
— b Blüten weiß oder rötlich 43
43 a Blüten rötlich, weißzipflig, in kleinen Trauben; Frucht eine weiße Beere; Blätter wie Abb. 43; Zierstrauch, verwildernd
Weiße Schneebeere, ***Symphoricarpos albus***
— b Blüten weiß, in weithin leuchtenden Scheindolden........ 44
44 a Blätter gelappt, wie Abb. 42; Randblüten größer als mittige
Gewöhnlicher Schneeball, ***Viburnum opulus***
— b Blätter ungeteilt, dicklich, grobnervig, am Rand gesägt, wie Abb. 44
Wolliger Schneeball, ***Viburnum lantana***
45 a Blüten weiß oder rötlich weiß; Staubblätter zahlreich; Pflanze mit Dornen
Weißdorn, ***Crataegus,*** Familienschlüssel **Rosaceae** T-50

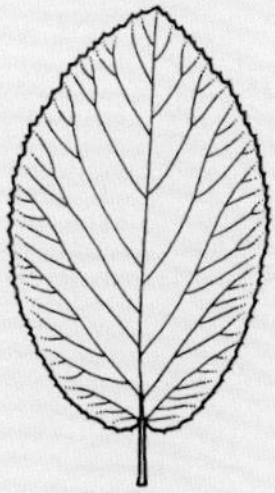
Abb. 44

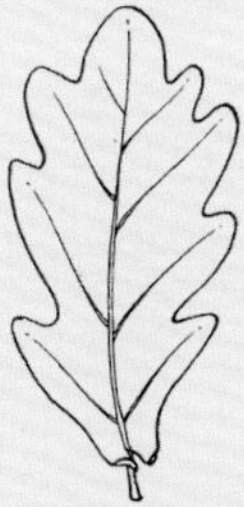
Abb. 45

Abb. 46

— b Blüten grünlich 46

46 a Blätter mit spitzen Lappen 48

— b Blätter lappig gebuchtet, wie Abb. 45 .... Eiche, ***Quercus*** 47

47 a Blattstiel etwa 4 mm lang; Fruchtstiel 3–8 cm lang
Stiel-Eiche, ***Quercus robur***

— b Blattstiel 10–25 mm lang; Frucht sitzend oder kurz gestielt
Trauben-Eiche, ***Quercus petraea***

48 a 1–2 m hoher Strauch; Blüten mit Kelch und Krone
Stachelbeergewächse, Familienschlüssel **Grossulariaceae** T-47

— b Hoher Baum; Blüten ohne Kelch; die helle Rinde abblätternd
Platane, ***Platanus***

49 a Blätter wechselständig oder gebüschelt 59

— b Blätter gegenständig 50

50 a Blattgrund herzförmig .... Gewöhnlicher Flieder, ***Syringa vulgaris***

— b Blattgrund zugespitzt oder abgerundet 52

52 a Blüten zweiseitig symmetrisch, gelblich weiß; Rinde im Alter bleich
Rote Heckenkirsche, ***Lonicera xylosteum***

— b Blüten strahlig 53

53 a Blüten 1–4 cm breit, weiß; Blatt wie Abb. 46; Zierstrauch
Falscher Jasmin, Pfeifenstrauch, ***Philadelphus coronarius***

— b Blüten kleiner 54

54 a Blüten weiß, 2 Staubblätter .... Gewöhnlicher Liguster, ***Ligustrum vulgare***

— b Blüten rötlich, gelb oder grünlich; wenn weiß, mit 4 Staubblättern 55

55 a Zweige dornig .... Echter Kreuzdorn, ***Rhamnus cathartica***

— b Zweige nicht dornig 56

56 a Blüten weißlich grün, in wenigblütigen, doldenartigen Ständen; Zweige gegenständig; rote Fruchtkapseln
Europäisches Pfaffenhütchen, ***Euonymus europaeus***

— b Blüten andersfarbig 57

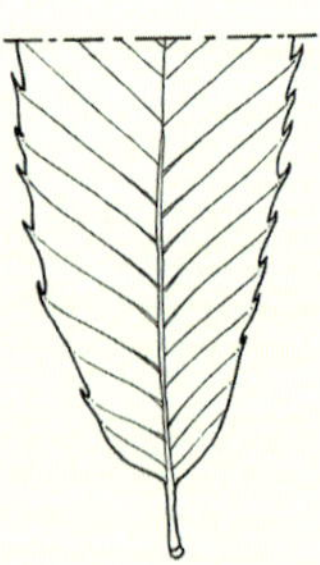

Abb. 47

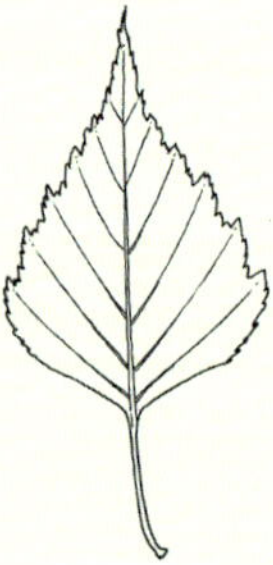

Abb. 48

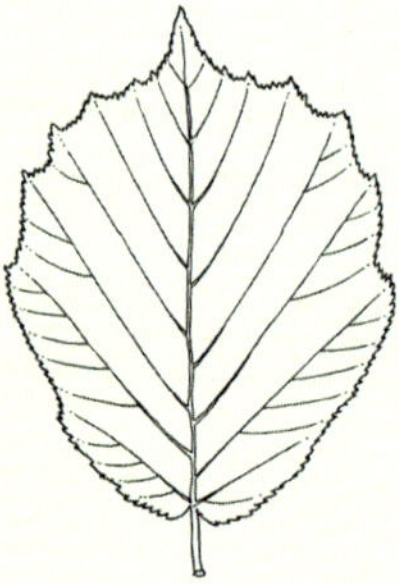

Abb. 49

57 a Blüten gelb, in Dolden; vor den Blättern erscheinend; Zierstrauch, selten wild .... Europäische Kornelkirsche, ***Cornus mas***
— b Blüten weiß oder rötlich 58
58 a Blüten weiß; Zweige rötlich, im Herbst blutrot werdend
Roter Hartriegel, ***Cornus sanguinea***
— b Blüten rötlich, weißzipflig, in Trauben an den Zweigenden; Frucht eine schneeweiße Beere; Zierstrauch .... Weiße Schneebeere, ***Symphoricarpos albus***
59 a Blätter nadelförmig, gebüschelt; Früchte sind Zapfen
Lärche, ***Larix***, Gruppenschlüssel **Gymnospermen** T-38
— b Blätter nicht nadelförmig oder nicht gebüschelt 60
60 a Blüten lebhaft gelb, zweiseitig-symmetrisch
Schmetterlingsblütler, Familienschlüssel **Fabaceae** T-48
— b Blüten meist nicht gelb; wenn Blüten gelb, dann regelmäßig 61
61 a Pflanze ohne Dornen 64
— b Pflanze mit Dornen 62
62 a Blüten violett-rot; Blätter ganzrandig
Gewöhnlicher Bocksdorn, ***Lycium barbarum***
— b Blüten andersfarbig; Blätter nicht ganzrandig 63
63 a Blüten gelb; Blätter in Büscheln .... Berberitze, ***Berberis vulgaris***
— b Blüten weiß oder hellrosa Rosengewächse, Familienschlüssel **Rosaceae** T-50
64 a Blätter über 12 cm lang, länglich oval, zugespitzt, scharf gesägt, Abb. 47
Edelkastanie, Esskastanie, ***Castanea sativa***
— b Blätter anders gestaltet 65
65 a Blattstiel etwa 4 cm lang, seitlich zusammengedrückt
Pappel, ***Populus***, Familienschlüssel **Salicaceae** T-53
— b Blattstiel kürzer, rundlich 66
66 a Niedriger Strauch mit grünen, scharfkantigen Zweigen; Blätter rundlich; Blüten rötlich weiß, krugförmig mit hervorragendem Griffel
Heidelbeere, ***Vaccinium myrtillus***
— b Pflanze anders 67
67 a Blüten groß, weiß, rötlich oder rosa
Rosengewächse, Familienschlüssel **Rosaceae** T-50
— b Blüten unscheinbar 68
68 a Blätter rautenförmig, Abb. 48; junge Zweige oft überhängend
Hänge-Birke, ***Betula pendula***
— b Blätter oval, länglich, rundlich oder herzförmig 69
69 a Blattstiel stark drüsig behaart; Blatt s. Abb. 49
Gewöhnliche Hasel, ***Corylus avellana***
— b Blattstiel höchstens schwach behaart 70
70 a Blüten in verschiedenartigen Blütenständen, nicht jedoch in Scheindolden 72
— b Blüten in Scheindolden, deren Stiel dem lanzenförmigen Deckblatt zur Hälfte angewachsen ist, Abb. 50; Blatt s. Abb. 51 ... Linde, ***Tilia*** 71

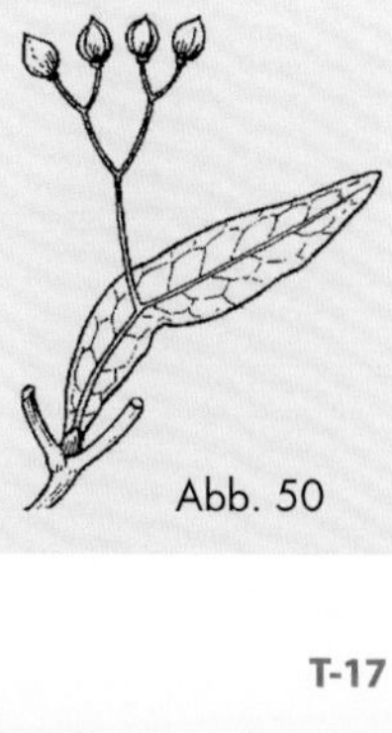
Abb. 50

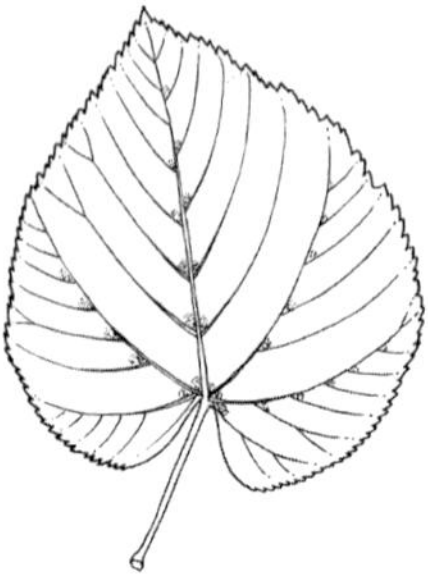

Abb. 51

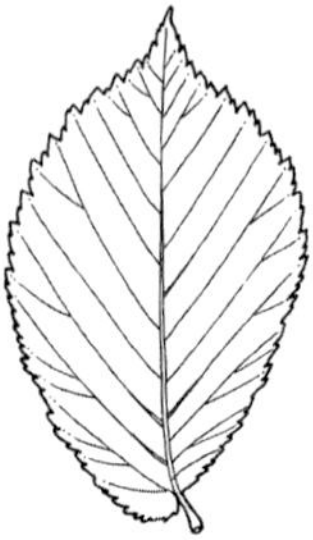

Abb. 52

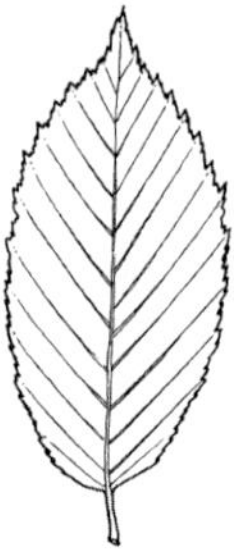

Abb. 53

71 a Blätter beiderseits kahl; Blüten zu 5–11 .... Winter-Linde, ***Tilia cordata***

— b Blätter unterseits kurzhaarig; Blüten zu 2–5
Sommer-Linde, ***Tilia platyphyllos***

72 a Blattgrund stark unsymmetrisch, verschmälert, Abb. 52, Blatt oberseits borstig-rau .... Berg-Ulme, Rüster, ***Ulmus glabra***

— b Blattgrund regelmäßig oder nahezu regelmäßig 73

73 a Blätter mindestens doppelt so lang wie breit
Weide, ***Salix***, Familienschlüssel **Salicaceae** T-53

— b Blätter höchstens 1½-mal so lang wie breit 74

74 a Blätter mit 10–15 Seitennerven, scharf gesägt, Abb. 53
Weißbuche, Hainbuche, ***Carpinus betulus***

— b Blätter mit 5–10 Seitennerven 75

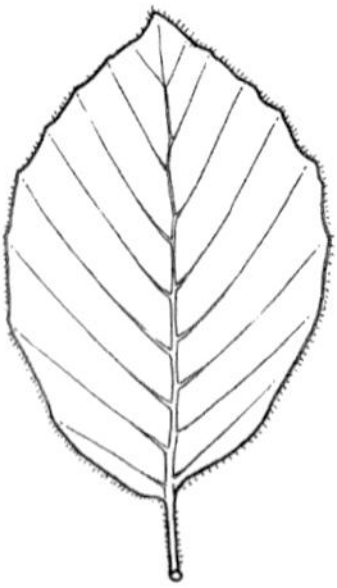

Abb. 54

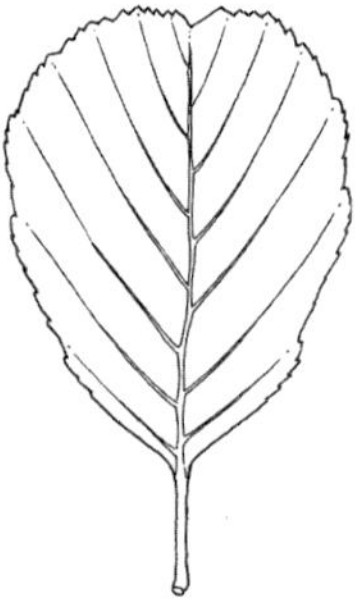

Abb. 55

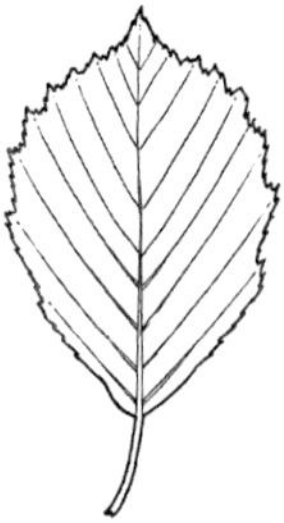

Abb. 56

75 a Strauch; Rinde mit vielen kleinen, aber auffälligen hellen Längsstreifen; Früchte rötlich .... Faulbaum, ***Frangula alnus***
— b Baum 76
76 a Blattrand fast ganzrandig, gewimpert, Abb. 54 Rot-Buche, ***Fagus sylvatica***
— b Blattrand grob gesägt oder gekerbt .... Erle, ***Alnus*** 77
77 a Blätter stumpf oder vorn ausgerandet, kahl, grün, Abb. 55; Fruchtzapfen 0,5 cm lang gestielt .... Schwarz-Erle, ***Alnus glutinosa***
— b Blätter spitz, unterseits kurzhaarig, grau, Abb. 56; Fruchtzapfen sitzend oder kurz gestielt .... Grau-Erle, ***Alnus incana***

TABELLE II

Wasserpflanzen mit untergetauchten oder schwimmenden Blättern

1 a Blätter bis 30 cm lang, starr, stachelig gezähnt, in dichter, im Wasser schwebender Rosette .... Krebsschere, ***Stratiotes aloides***
— b Blätter weich, nicht stachelig 2
2 a Blätter mindestens zum Teil auf der Wasseroberfläche schwimmend 8
— b Blätter alle untergetaucht 3
3 a 1–2 cm lange, ovale bis linealische Blättchen liegen kreuzweise übereinander; Stängel fehlt; Abb. 57 .... Dreifurchige Wasserlinse, ***Lemna trisulca***
— b Pflanze mit deutlichem Stängel 4
4 a Blätter ganzrandig oder höchstens gezähnt, gezackt, gewellt 7
— b Blätter in fadenförmige Abschnitte zerschlitzt 5
5 a Zwischen den Blättern sitzen bis 3 mm große Bläschen, Abb. 58; Blüten gelb .... Wasserschlauch, ***Utricularia***
— b Bläschen nicht vorhanden; Blüten weiß oder rosa 6
6 a Krone am Grund zu einer Röhre verwachsen; Blätter gefiedert, Abb. 59 Wasserfeder, ***Hottonia palustris***
— b Krone frei .... Gruppe Wasser-Hahnenfuß, ***Ranunculus*** subgen. ***Batrachium***

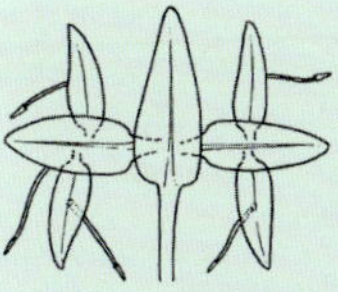

Abb. 57

Abb. 58

Abb. 59

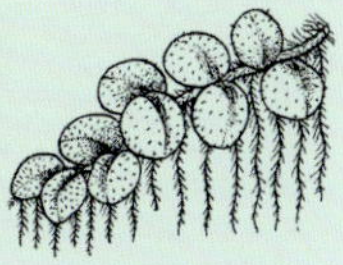

Abb. 60

7 a Blätter wechselständig, höchstens die oberen gegenständig
Schwimmendes Laichkraut, ***Potamogeton natans***

— b Blätter gegenständig oder quirlig
Kanadische Wasserpest, ***Elodea canadensis***

8 a Pflanze im Boden wurzelnd 10

— b Pflanze ohne Wurzeln oder Wurzeln frei im Wasser 9

9 a Pflanze kahl .... Kleine Wasserlinse, ***Lemna minor***

— b Pflanze behaart, Abb. 60 .... Gewöhnlicher Schwimmfarn, ***Salvinia natans***

10 a Blätter ganzrandig, gelappt oder borstenförmig-vielspaltig, nicht herzförmig 13

— b Blätter ganzrandig, rund und herzförmig 11

11 a Blätter höchstens 3 cm im Durchmesser
Europäischer Froschbiss, ***Hydrocharis morsus-ranae***

— b Blätter mindestens 12 cm im Durchmesser
Seerosengewächse, **Nymphaeaceae** 12

12 a Blüten weiß; Blätter jederseits mit 9–10 Nerven, Abb. 61
Weiße Seerose, ***Nymphaea alba***

— b Blüten gelb; Blätter jederseits mit 14–17 Nerven, Abb. 62
Gelbe Teichrose, ***Nuphar lutea***

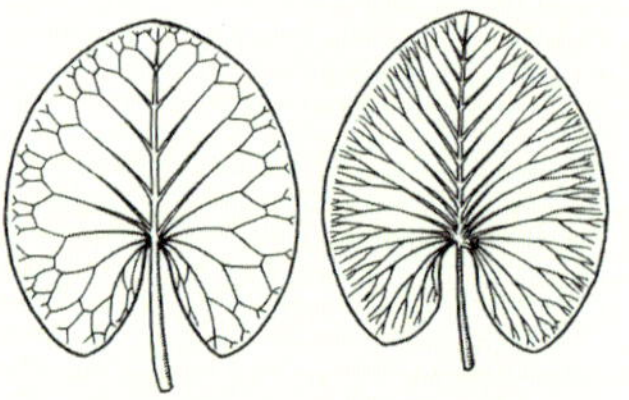

Abb. 61 Abb. 62

13 a Blätter ganzrandig; Blüten unansehnlich, grünlich oder bräunlich, in Ähren
Schwimmendes Laichkraut, ***Potamogeton natans***

— b Untergetauchte Blätter borstenförmig-vielspaltig, Schwimmblätter rundlich, gelappt; Blüten ansehnlich, weiß, einzeln Gruppe Wasser-Hahnenfuß, ***Ranunculus*** subgen. ***Batrachium***

TABELLE III

Pflanzen, bei denen Kelch und Krone deutlich unterscheidbar sind

1 a Blüten zu vielen auf einem gemeinsamen, korbartigen Blütenboden stehend .... Korbblütler, Familienschlüssel **Asteraceae** T-66

— b Blüten nicht auf gemeinsamem Blütenboden 2

2 a Blätter oberseits mit tröpfchentragenden Haaren, Abb. 63
Rundblättriger Sonnentau, ***Drosera rotundifolia***

— b Blätter nicht mit tröpfchentragenden Haaren besetzt 3

3 a Blüten zweiseitig-symmetrisch 68

— b Blüten regelmäßig 4

4 a 1 oder 2 siebenstrahlige, weiße Blüten entspringen einem dichten Blattquirl, Abb. 64 .... Europäischer Siebenstern, ***Trientalis europaea***
— b Pflanze anders gebaut 5
5 a Aus einer Grundrosette dickfleischiger, ausdauernder Blätter steigt der 20–30 cm hohe, dicht beblätterte Blütenstängel empor
Echte Hauswurz, ***Sempervivum tectorum***
— b Pflanze anders gestaltet 6
6 a Pflanze mit Ranken, kletternd; Blüten gelb
Gurken-oder Kürbisgewächse, Familienschlüssel **Cucurbitaceae** T-52
— b Pflanze ohne Ranken 7
7 a Blätter kleeartig .... Wald-Sauerklee, ***Oxalis acetosella***
— b Blätter anders gestaltet 8
8 a Blüten mit Kronblättern, die untereinander nicht verwachsen sind 27
— b Blüten mit Kronblättern, die untereinander verwachsen sind 9
9 a Blätter quirlständig oder gegenständig 20
— b Blätter alle grundständig oder wechselständig 10
10 a Stängel beblättert 13
— b Pflanze nur mit grundständigen Blättern, höchstens Schuppen am Blütenschaft 11
11 a Blüten in allseitswendigen Trauben, weißlich
Wintergrün, ***Pyrola***, Familienschlüssel **Ericaceae** T-58
— b Blüten einzeln oder in einfachen Dolden, gelb Schlüsselblume, ***Primula*** 12
12 a Blüten schwefelgelb, am Schlund dottergelb, Zipfel flach ausgebreitet; Kelch grün; Abb. 65 .... Hohe Schlüsselblume, ***Primula elatior***
— b Blüten dottergelb, am Schlund mit 5 orangefarbigen Flecken, Zipfel glockig; Kelch bauchig, bleich; Abb. 66
Wiesen- oder Duftende Schlüsselblume, ***Primula veris***
13 a Blätter gefingert oder gefiedert
Nachtschattengewächse, Familienschlüssel **Solanaceae** T-59
— b Blätter ganz, ganzrandig oder nur gesägt, gezähnt, gekerbt 14

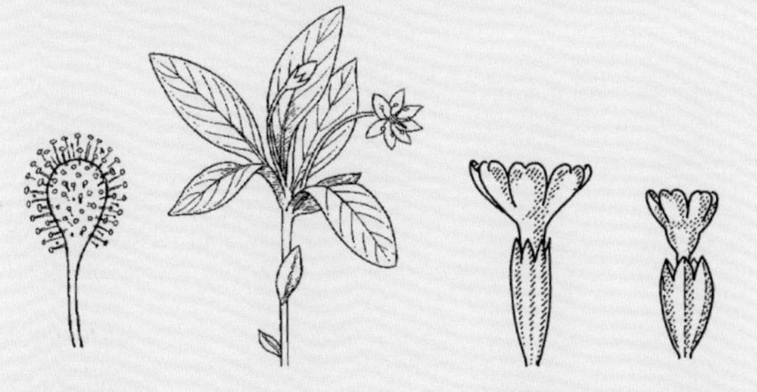

Abb. 63 Abb. 64 Abb. 65 Abb. 66

14 a Stängel nicht windend 16

— b Stängel windend; Blüte trichterförmig, Abb. 67 15

15 a Kelch von 2 großen Deckblättern umhüllt Zaun-Winde, ***Calystegia sepium***

— b Kelch ohne große Deckblätter ..... Acker-Winde, ***Convolvulus arvensis***

16 a Blüte 4-strahlig, Abb. 68
Ehrenpreis, ***Veronica***, Familienschlüssel **Plantaginaceae** T-60

— b Blüte 5-strahlig 17

17 a Pflanze 1–2 m hoch, dicht weißwollig; Blüten gelb, etwa 2 cm breit, die 5 Staubfäden z. T. wollig behaart
Königskerze, ***Verbascum***, Familienschlüssel **Scrophulariaceae** T-61

— b Pflanze anders 18

18 a Fruchtknoten unter dem Kelch sitzend
Glockenblume, ***Campanula***, Familienschlüssel **Campanulaceae** T-66

— b Fruchtknoten vom Kelch eingeschlossen 19

19 a Im Kelch sitzen 4 Teilfrüchtchen
Raublattgewächse, Familienschlüssel **Boraginaceae** T-58

— b Im Kelch sitzt 1 Beere oder 1 Kapsel
Nachtschattengewächse, Familienschlüssel **Solanaceae** T-59

20 a Blüten nicht gelb oder weiß 23

— b Blüten gelb oder weiß; wenn weiß, nur 2–6 mm breit 21

21 a Blüten klein (2–6 mm breit), 4 Staubblätter, Fruchtknoten unterständig
Labkraut, ***Galium***

— b Blüten größer, gelb, 5 Staubblätter, Fruchtknoten oberständig
Gilbweiderich, ***Lysimachia*** 22

22 a Pflanze aufrecht; Blüten in Rispen
Gewöhnlicher Gilbweiderich, ***Lysimachia vulgaris***

— b Pflanze kriechend; Blüten einzeln ..... Pfennigkraut, ***Lysimachia nummularia***

23 a 2 Staubblätter, Abb. 68
Ehrenpreis, ***Veronica***, Familienschlüssel **Plantaginaceae** T-60

— b Mehr als 2 Staubblätter 24

24 a Pflanze nach Pfefferminze riechend
Minze, ***Mentha***, Familienschlüssel **Lamiaceae** T-61

— b Pflanze nicht nach Pfefferminze riechend 25

25 a Pflanze rauhaarig Raublattgewächse, Familienschlüssel **Boraginaceae** T-58

— b Pflanze kahl oder nur spärlich behaart 26

Abb. 67

Abb. 68

26 a Blüten röhrig oder trichterförmig .... Enzian, ***Gentiana***
— b Blüten ausgebreitet, orange .... Acker-Gauchheil, ***Anagallis arvensis***
27 a Blätter grundständig oder wechselständig (bei Geraniaceae 61b selten auch gegenständig) 37
— b Blätter quirlständig oder gegenständig 28
28 a Blüten blau, weiß, rot oder grünlich 33
— b Blüten gelb; Blätter gegenständig 29
29 a Blätter fleischig, höchstens 7 mm lang, eiförmig bis dreieckig, oberseits flach .... Scharfer Mauerpfeffer, ***Sedum acre***
— b Blätter nicht fleischig 30
30 a Nicht mehr als 10 Staubblätter (vgl. auch 22) 35
— b Mehr als 20 Staubblätter; Stängel kahl; Blätter ± durchscheinend punktiert
Johanniskraut, ***Hypericum*** 31
31 a Stängel mit 2 erhabenen Längsleisten
Tüpfel-Johanniskraut, ***Hypericum perforatum***
— b Stängel ± 4-kantig 32
32 a Stängel deutlich 4-kantig, geflügelt; Kronblätter bis 7,5 mm lang, hellgelb; Blätter dicht punktiert .... Flügel-Johanniskraut, ***Hypericum tetrapterum***
— b Stängel stellenweise 4-kantig, nicht geflügelt; Kronblätter über 9 mm lang, gelb, schwarz punktiert; Blätter spärlich punktiert
Geflecktes Johanniskraut, ***Hypericum maculatum***
33 a 50–150 cm hohe Staude mit 1,5 cm großen, purpurnen Blüten in Quirlen, eine lange Traube bildend .... Gewöhnlicher Blutweiderich, ***Lythrum salicaria***
— b Pflanze anders beschaffen 34
34 a Kron- und Kelchblätter je 4, unter der Blüte ein langer, stielartiger Fruchtknoten, Abb. 69; Samen mit weißen Samenhaaren .... Weidenröschen, ***Epilobium***
— b Kron- und Kelchblätter je 5 (zuweilen scheinbar 10), Kelch oft verwachsenblättrig, Fruchtknoten kugelig, vom Kelch eingeschlossen; Samen ohne Haare .... Nelkengewächse, Familienschlüssel **Caryophyllaceae** T-56
35 a Blätter nicht fleischig
Nelkengewächse, Familienschlüssel **Caryophyllaceae** T-56
— b Blätter fleischig .... Dickblattgewächse, **Crassulaceae** 36
36 a Blätter flach und über 8 mm lang; Kronblätter rosa (oder weiß)
Purpur-Waldfetthenne, ***Hylotelephium telephium***
— b Blätter höchstens 7 mm lang, länglich, beiderseits gewölbt bis fast stielrund, im Querschnitt rundlich; Kronblätter weiß
Weißer Mauerpfeffer, ***Sedum album***
37 a Mindestens 1 Stängelblatt vorhanden 43
— b Blätter alle grundständig 38
38 a Unter der Blüte 3 kelchblattartige Hochblätter, ein eigentlicher Kelch fehlt; Blätter 3-lappig, Abb. 70 Gewöhnliches Leberblümchen, ***Hepatica nobilis***, Familienschlüssel **Ranunculaceae** T-46
— b Hochblätter höchstens als kleine Schüppchen vorhanden 39
39 a Blätter ganzrandig; Pflanze bis 20–100 cm hoch 41
— b Blätter gezähnt; Pflanze 2–20 cm hoch 40

40 a Blüten glockig, hängend
Wintergrün, ***Pyrola***, Familienschlüssel **Ericaceae** T-58

— b Blüten sternförmig, aufrecht .... Frühlings-Hungerblümchen, ***Draba verna***

41 a Blätter 3-kantig; Blüte rötlich .... Schwanenblume, ***Butomus umbellatus***

— b Blätter in Stiel und Spreite getrennt; Blüte weiß 42

42 a Blätter pfeilartig, Abb. 71; Staubblätter zahlreich
Gewöhnliches Pfeilkraut, ***Sagittaria sagittifolia***

— b Blätter löffelartig; Staubblätter 6
Gewöhnlicher Froschlöffel, ***Alisma plantago-aquatica***

43 a Am Stängel nur 1 Blatt; vor jedem Kronblatt ein drüsentragendes Blättchen, Abb. 72; Blüte weiß, einzeln, lang gestielt
Sumpf-Herzblatt, ***Parnassia palustris***

— b Pflanze anders gestaltet 44

44 a Pflanze ohne Milchsaft (Pflanze verletzen) 47

— b Pflanze mit Milchsaft 45

45 a Milchsaft .... Schöllkraut, ***Chelidonium majus***

— b Milchsaft weiß 46

46 a Blüten klein, Abb. 133 und 134; Blätter ganzrandig
Wolfsmilch, ***Euphorbia***, Familienschlüssel **Euphorbiaceae** T-52

— b Blüten groß; Blätter nicht ganzrandig; Frucht vgl. Abb. 73
Mohn, ***Papaver***, Familienschlüssel **Papaveraceae** T-45

47 a Blätter gezähnt, gekerbt, gefiedert oder gefingert 52

— b Blätter ganzrandig 48

48 a Blätter fleischig und dick (vergleiche 29 a, 35 b)
Dickblattgewächse, **Crassulaceae** 43

— b Blätter dünn 49

49 a Krone 4-blättrig 51

— b Krone 5- bis 8-blättrig 50

50 a Staubblätter 5 .... Echter Lein, Flachs, ***Linum usitatissimum***

— b Staubblätter mehr als 20
Hahnenfußgewächse, Familienschlüssel **Ranunculaceae** T-46

51 a Staubblätter 6 .... Kreuzblütler, Familienschlüssel **Brassicaceae** T-54

— b Staubblätter 8; Abb. 69 .... Weidenröschen, ***Epilobium*** 57

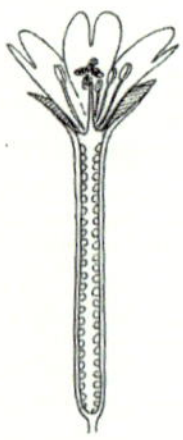

Abb. 69

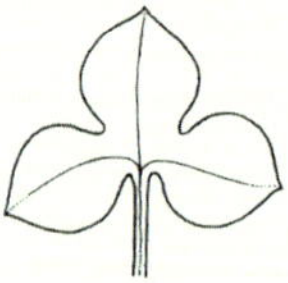

Abb. 70

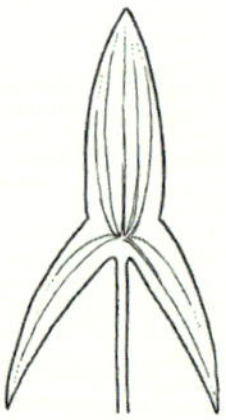

Abb. 71

52 a Krone 5- oder mehrblättrig ... 58
— b Krone 4-blättrig ... 53
53 a Blüten in rotbraunen oder grünlichen Köpfchen Wiesenknopf, ***Sanguisorba***
— b Blüten nicht in Köpfchen ... 54
54 a Fruchtknoten stielartig unter der Blüte, Abb. 69 ... 56
— b Fruchtknoten nicht stielartig unter der Blüte ... 55
55 a 4 lange und 2 kurze Staubblätter
Kreuzblütler, Familienschlüssel **Brassicaceae** T-54
— b Staubblätter 5 bis viele Rosengewächse, Familienschlüssel **Rosaceae** T-50
56 a Blüte gelb ... Gewöhnliche Nachtkerze, ***Oenothera biennis*** agg.
— b Blüte rot oder rötlich ... 57
57 a Blüte schwach zweiseitig-symmetrisch, flach ausgebreitet; Blätter bis 2,5 cm breit, unterseits blaugrün
Schmalblättriges Weidenröschen, ***Epilobium angustifolium***
— b Blüte radiär, trichterförmig, Abb. 69
weitere Arten der Gattung Weidenröschen, ***Epilobium***
58 a Blüte ohne Außenkelch; Frucht anders als bei b ... 61
— b Staubblätter zu einer Röhre verwachsen, Abb. 74; Blüte mit Außenkelch; Früchtchen in einem Ring um eine Säule stehend
Malvengewächse, **Malvaceae** 59
59 a Kelch von einem 6- bis 9-spaltigen Außenkelch umgeben Eibisch, ***Althaea***
— b Kelch von einem 3-blättrigen Außenkelch umgeben ... 60
60 a Pflanze 1 bis 3 m hoch; Blüten 6 bis 10 cm im Durchmesser; Zierpflanze
Stockrose, ***Alcea rosea***
— b Pflanze höchstens 1,20 m hoch; Blüten höchstens 5 cm im Durchmesser; Blätter fast bis zum Grund handförmig geteilt, mit 5–7 Zipfeln; Stängel abstehend behaart ... Moschus-Malve, ***Malva moschata***
61 a Frucht nicht storchschnabelähnlich ... 66
— b Frucht storchschnabelähnlich, ähnlich Abb. 69, mit 5 Früchtchen; Kron- und Kelchblätter je 5, Staubblätter 10
Storchschnabelgewächse, **Geraniaceae** 62
62 a Blätter gefiedert ... Gewöhnlicher Reiherschnabel, ***Erodium cicutarium***
— b Blätter gefingert oder gelappt ... Storchschnabel, ***Geranium*** 63

Abb. 72

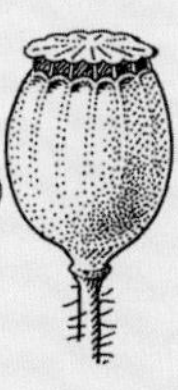

Abb. 73

Abb. 74

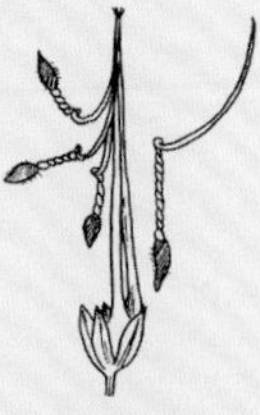

Abb. 75

63 a Blüten höchstens 1,5 cm breit; Blätter aus gestielten und fiederspaltigen Blättchen zusammengesetzt 64
— b Blüten über 2,5 cm breit, blau oder weißlich, Kronblätter ungeteilt
Wiesen-Storchschnabel, ***Geranium pratense***
64 a Kronblätter nicht eingeschnitten, Blüten rot; Blätter gefiedert; Pflanze markant riechend .... Ruprechtskraut, ***Geranium robertianum***
— b Kronblätter eingeschnitten 65
65 a Kronblätter um 1,5 cm breit, violett; Blätter wenig eingeschnitten
Pyrenäen-Storchschnabel, ***Geranium pyrenaicum***
— b Kronblätter höchstens 1 cm breit, blasslila; Blätter tief eingeschnitten
Kleiner Storchschnabel, ***Geranium pusillum***
66 a Blüten in Dolden .... Doldenblütler, Familienschlüssel **Apiaceae** T-64
— b Blüten nicht in Dolden 67
67 a Kelchblätter bis zum Grund frei, meist früh abfallend
Hahnenfußgewächse, Familienschlüssel **Ranunculaceae** T-46
— b Kelchblätter am Grund verwachsen, bleibend
Rosengewächse, Familienschlüssel **Rosaceae** T-50
68 a Blätter schildförmig, Abb. 79; Zierpflanze
Kapuzinerkresse, ***Tropaeolum majus***
— b Blätter nicht schildförmig 69
69 a Blätter gelbgrün, klebrig, mit umgerolltem Rand
Gewöhnliches Fettkraut, ***Pinguicula vulgaris***
— b Blätter anders 70
70 a Kronblätter teilweise oder gänzlich miteinander verwachsen 80
— b Kronblätter nicht verwachsen, frei 71
75 a Blüten in Dolden .... Doldenblütler, Familienschlüssel **Apiaceae** T-64
— b Blüten nicht in Dolden 72
76 a Kronblätter nicht zerschlitzt 75
— b Kronblätter tief geteilt oder zerschlitzt 73
73 a Kronblätter 2, weiß, tief geteilt; Blattgrund nicht herzförmig, Blattstiel behaart .... Gewöhnliches Hexenkraut, ***Circaea lutetiana***
— b Kronblätter 4–6, zerschlitzt, gelb, grünlich gelb oder grünlich weiß
Resede, Reseda, ***Reseda*** 74
74 a Blätter alle 3-spaltig oder doppelt 3-spaltig; Blüten geruchlos
Gelber Wau, ***Reseda lutea***
— b Höchstens die oberen Blätter 3-spaltig; Blüten wohlriechend
Wohlriechende Resede, ***Reseda odorata***
75 a Blüten nicht gespornt 77
— b Blüten gespornt 76
76 a Blätter mehrfach fein gefiedert, ohne Nebenblätter; Blüte wie Abb. 119
Erdrauch, ***Fumaria***, Familienschlüssel **Papaveraceae** T-45
— b Blätter nicht gefiedert, am Grund mit Nebenblättern
Veilchen, ***Viola***, Familienschlüssel **Violaceae** T-53
77 a Blüten purpurn, quirlig, in langen, rutenförmigen Ähren; 12 Staubblätter; Pflanze 50–150 cm hoch ..... Gewöhnlicher Blutweiderich, ***Lythrum salicaria***

— b Pflanze anders gebaut ... 78
78 a Blätter unzerteilt, ganzrandig ... Kreuzblume, ***Polygala***
— b Blätter zerteilt oder gezähnt oder gekerbt ... 79
79 a 10 Staubblätter; Blätter gefiedert oder gefingert; Blüte wie Abb. 39
Schmetterlingsblütler, Familienschlüssel **Fabaceae** T-48
— b 6 Staubblätter ... Kreuzblütler, Familienschlüssel **Brassicaceae** T-54
80 a Blätter nicht bis über die Mitte eingeschnitten ... 84
— b Blätter gefiedert, gefingert oder fiederspaltig ... 81
81 a Blüten in Köpfchen; Blätter 3-zählig, Abb. 76
Klee, ***Trifolium***, Familienschlüssel **Fabaceae** T-48
— b Pflanze anders ... 82
82 a Kleine, 3–5 mm lange rötliche oder lila Blüten in rutenförmigen Ähren, Krone mit 5 fast gleichen Zipfeln ... Eisenkraut, ***Verbena officinalis***
— b Blüten auffälliger, nicht in rutenförmigen Ähren ... 83
83 a Im Kelch 4 Früchtchen, Abb. 77; Stängel stets 4-kantig
Lippenblütler, Familienschlüssel **Lamiaceae** T-61
— b Im Kelch eine 2-teilige Kapsel
Läusekraut, ***Pedicularis***, Familienschlüssel **Orobanchaceae** T-63
84 a Krone ohne Sporn ... 88
— b Krone mit Sporn ... 85
85 a 5 Kelchblätter Wegerichgewächse, Familienschlüssel **Plantaginaceae** T-60
— b 2 Kelchblätter; Stängel wie glasartig durchscheinend
Springkraut, ***Impatiens*** 86
86 a Stängel am Grund über 1 cm dick; Blätter quirl- oder gegenständig; Blüten rötlich; Pflanze bis über 3 m hoch
Drüsiges Springkraut, ***Impatiens glandulifera***
— b Stängel unter 1 cm dick; Blätter wechselständig; Blüten gelb ... 87
87 a Blüten aufrecht, blassgelb, mit geradem Sporn
Kleinblütiges Springkraut, ***Impatiens parviflora***
— b Blüten hängend, goldgelb, innen mit roten Punkten, mit gekrümmtem Sporn ... Rührmichnichtan, ***Impatiens noli-tangere***
88 a Staubblätter 4 oder 2 ... 91
— b Staubblätter 5 ... 89

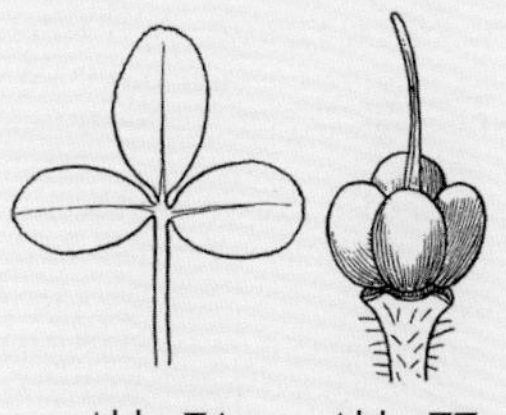

Abb. 76 Abb. 77

89 a Blüten schmutzig gelb mit violetten Streifen, Schlund dunkelpurpurn; Pflanze unangenehm riechend
Schwarzes Bilsenkraut, ***Hyoscyamus niger***, Familienschlüssel **Solanaceae** T-59
— b Blüten andersfarbig 90
90 a Die Frucht bildet unter dem Kelch eine Kapsel
Glockenblumengewächse, Familienschlüssel **Campanulaceae** T-66
— b Der Fruchtknoten ist oberständig; die Frucht spaltet sich im Kelch in 4 Teilfrüchtchen, Abb. 77 .... Raublattgewächse, Familienschlüssel **Boraginaceae** T-58
91 a Im Kelch 4 Früchtchen, Abb. 77; Stängel stets 4-kantig
Lippenblütler, Familienschlüssel **Lamiaceae** T-61
— b Im Kelch eine 2-teilige Kapsel 92
92 a Staubblätter 2, Abb. 68
Ehrenpreis, ***Veronica***, Familienschlüssel **Plantaginaceae** T-60
— b Staubblätter 4 93
93 a Blüten in endständigen Rispen
Braunwurz, ***Scrophularia***, Familienschlüssel **Scrophulariaceae** T-61
— b Blüten in Ähren, Trauben oder einzeln blattachselständig 94
97 a Blüte fingerhutartig, 4–6 cm lang .... Fingerhut, ***Digitalis***
— b Blüten anders und meist kleiner 95
95 a Blüten durch Ausstülpungen der Unterlippe geschlossen, Abb. 151
Großes Löwenmaul, ***Antirrhinum majus***
— b Blüten anders
Sommerwurzgewächse, Familienschlüssel **Orobanchaceae** T-63

TABELLE IV

Pflanzen, denen ein Kelch fehlt oder bei denen Kelch und Krone gleichgestaltet, gleichfarbig oder wegen ihrer geringen Größe mit bloßem Auge schwer zu erkennen sind

1 a Blüten nicht in einem Kolben 3
— b Blüten in einem Kolben, der in einem über 5 cm langen, weißen oder grünlichen, blumenblattartigen Hüllblatt (Abb. 78 S) sitzt 2
2 a Hüllblatt grün, den Kolben umhüllend, Abb. 78
Gefleckter Aronstab, ***Arum maculatum***
— b Hüllblatt weiß, offen .... Schlangenkraut, ***Calla palustris***
3 a Stängel nicht windend 6
— b Stängel windend 4
4 a Blätter gegenständig .... Hopfen, ***Humulus lupulus***
— b Blätter wechselständig 5
5 a Blätter herzförmig; Blüten mehrere cm groß, pfeifenkopfartig; Zierpflanze
Pfeifenwinde, ***Aristolochia macrophylla***
— b Blätter pfeil- oder spießförmig; Blüten wenige mm groß
Windenknöterich, ***Fallopia convolvulus***

6 a Pflanze mit Wickelranken, kletternd Zaunrübe, ***Bryonia***, Familienschlüssel **Cucurbitaceae** T-52

— b Pflanze ohne Wickelranken, nicht kletternd 7

7 a Blütenhülle 4-zipflig, mit 4 halbmondförmigen oder nieren-förmigen Drüsen, Abb. 133 und 134 Wolfsmilch, ***Euphorbia***, Familienschlüssel **Euphorbiaceae** T-52

— b Blüte anders gebaut 8

8 a Blüten nicht zu einem Körbchen oder einer Ähre vereinigt; Einzelblüten meist gestielt 11

— b Blüten zu einem Körbchen oder einer Ähre vereinigt; Einzelblüten sitzend 9

9 a Blüten zu vielen auf einem gemeinsamen, körbchenartigen Blütenboden stehend .... Korbblütler, Familienschlüssel **Asteraceae** T-66

— b Blüten nicht auf gemeinsamem, körbchenartigem Blütenboden stehend 10

10 a Blätter alle grundständig; Blätter ganzrandig Wegerich, ***Plantago*** Familienschlüssel **Plantaginaceae** T-60

— b Stängel beblättert; Blätter gefiedert .... Wiesenknopf, ***Sanguisorba***

11 a Blätter schildförmig, Abb. 79 .... Kapuzinerkresse, ***Tropaeolum majus***

— b Blätter nicht schildförmig 12

12 a Blüten tütenförmig, unten kugelig erweitert, Abb. 80 Osterluzei, ***Aristolochia clematitis***

— b Blüten anders gestaltet 13

13 a Die Blütenstiele gehen wie die Stäbe eines Schirms strahlenförmig von einem Punkt aus, Abb. 30 und 31; Frucht 2-teilig, Abb. 32 Doldenblütler, Familienschlüssel **Apiaceae** T-64

— b Blüten anders angeordnet 14

14 a Blüten weiß, gelb oder blau 24

— b Blüten grün oder grünlich gelb 15

15 a Pflanze mit Brennhaaren Brennnessel, ***Urtica***, Familienschlüssel **Urticaceae** T-52

— b Pflanze ohne Brennhaare 16

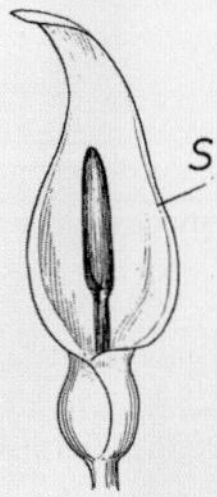

Abb. 78

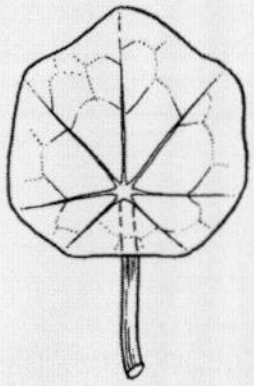
Abb. 79

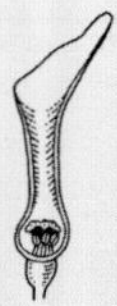
Abb. 80

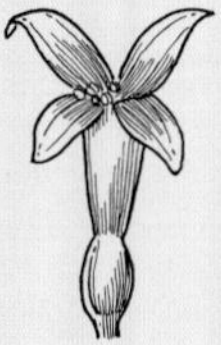
Abb. 81

16 a Stängel beblättert ... 18

— b Alle Blätter grundständig ... 17

17 a Blüten in walzenförmigen Ähren
Wegerich, ***Plantago***, Familienschlüssel **Plantaginaceae** T-60

— b Blüten in doldenartigen Ständen ... Lauch, ***Allium*** 56

18 a Kronblätter handförmig zerschlitzt, grünlich gelb
Resede, ***Reseda*** vgl. Tabelle III Nr. 74, T-28

— b Kronblätter nicht zerschlitzt ... 19

19 a Das vordere der 6 Kronblätter lippenartig gestaltet, L in Abb. 103
Orchideen, Familienschlüssel **Orchidaceae** T-39

— b Kein lippenartig herabhängendes Kronblatt ... 20

20 a Blätter wechselständig ... 26

— b Blätter gegenständig oder quirlig ... 21

21 a Blätter (eigentlich Sprosse) haarfein, zu 3–6, Abb. 83; Blüte glockig
Gemüse-Spargel, ***Asparagus officinalis***

— b Blätter nicht haarfein ... 22

22 a Entweder Blätter gegen- oder wechselständig oder unter der Blüte 1 Quirl von 3 laubblattartigen Hochblättern ... 26

— b Blätter quirlig ... 23

23 a Stängel mit nur 1 Quirl zu 4 Blättern Einbeere, ***Paris quadrifolia*** vgl. Nr. 45a

— b Stängel mit mehreren Blattquirlen ... Labkraut, ***Galium*** 24

24 a Blüte weiß, mit deutlicher Röhre, Abb. 81; oft flächiger Unterwuchs im Wald
Waldmeister, ***Galium odoratum***

— b Blüte weiß, ohne deutliche Röhre ... 25

25 a Stängel mit abwärts gerichteten Stachelborsten; Früchte mit Hakenborsten kletternd ... Klebkraut, Kletten-Labkraut, ***Galium aparine***

— b Stängel ohne Stachelborsten, 4-kantig; Blätter bis 4 cm lang und bis 0,7 cm breit; Wiesenpflanze Artengruppe Wiesen-Labkraut, ***Galium mollugo*** agg.

26 a Der Blütenschaft trägt unter der Blüte 1 Quirl von 3 mehr oder weniger laubblattartigen Hochblättern
Hahnenfußgewächse, Familienschlüssel **Ranunculaceae** T-46

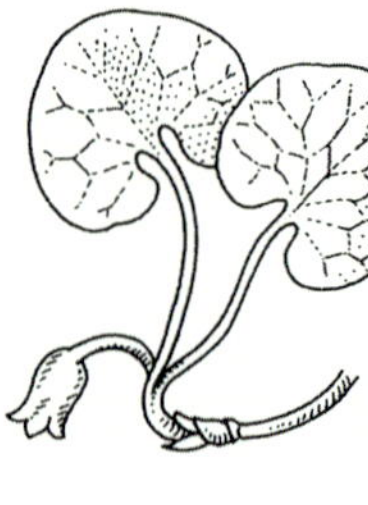

Abb. 82

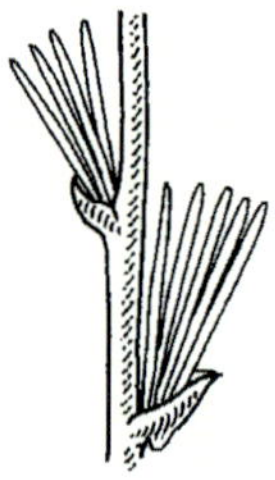

Abb. 83

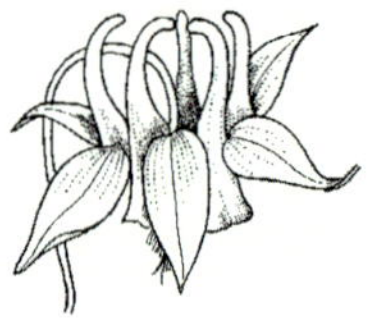

Abb. 84

— b Ohne Quirl von laubblattartigen Hochblättern ... 27

27 a Jede Blüte mit 5 gespornten Kronblättern, Abb. 84
Gewöhnliche Akelei, ***Aquilegia vulgaris***

— b Blüte nicht mit 5 gespornten Kronblättern ... 28

28 a Blätter länglich, zugespitzt oder geteilt (wenn eirundlich, dann nur 2) ... 31

— b Blätter rundlich, stets mehr als 2 ... 29

29 a Blätter in der Jugend fächerartig gefaltet, Abb. 85; Blüten gelbgrün, 4-zipflig, in rispigen Ständen
Artengruppe Gewöhnlicher Frauenmantel, ***Alchemilla vulgaris*** agg.

— b Blätter anders gestaltet; Blüten nicht 4-zipflig und gelbgrün ... 30

30 a Blüten gelb ... Sumpfdotterblume, ***Caltha palustris***

— b Blüten bräunlich; Blätter nierenförmig, Abb. 82
Europäische Haselwurz, ***Asarum europaeum***

31 a Oberhalb der Ansatzstelle der Blätter eine häutige, den Stängel umfassende Tüte, vgl. Abb. 86
Knöterich, ***Polygonum***, Familienschlüssel **Polygonaceae** T-56

— b Ohne solche Tüte ... 32

32 a Blätter nicht weiß bestäubt ... 35

— b Blätter wenigstens unterseits weiß bestäubt Gänsefuß, ***Chenopodium*** 33

33 a Blätter spießförmig, Abb. 87; ganze Pflanze mehlig bestäubt
Guter Heinrich, ***Chenopodium bonus-henricus***

— b Blätter buchtig gezähnt ... 34

34 a Blütenstand nicht mehlig; Blätter oberseits grün, unterseits mehlig und weiß ... Graugrüner Gänsefuß, ***Chenopodium glaucum***

— b Ganze Pflanze mehlig; Blattform sehr veränderlich; Stängel grün oder rot gestreift ... Weißer Gänsefuß, ***Chenopodium album***

35 a Blätter mit spießförmigem Grund, Abb. 9; Blüten grün
Ampfer, ***Rumex***, Familienschlüssel **Polygonaceae** T-56

— b Blätter nicht mit spießförmigem Grund ... 36

36 a Blüte nicht grün; Frucht nicht zwischen kleinen, dreieckig-rautenförmigen Klappen ... 38

— b Blüte grün ... 37

Abb. 85

Abb. 86

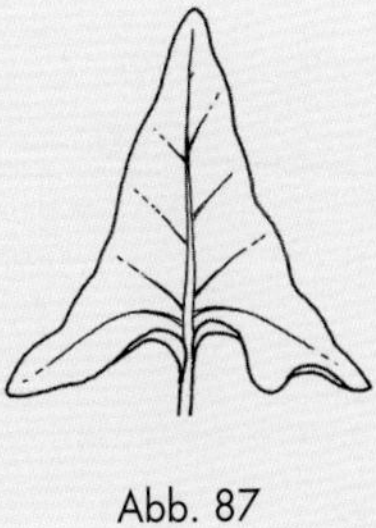
Abb. 87

Abb. 88

37 a Frucht zwischen 2 kleinen dreieckig-rautenförmigen Klappen (Abb. 88); Blätter vielfach rauten- oder spießförmig .... Melde, ***Atriplex***

— b Frucht aus 2 fast kugeligen Knöpfen, borstig; Blätter eiförmig bis lanzettlich mit seichten Einschnitten Ausdauerndes Bingelkraut, ***Mercurialis perennis***, Familienschlüssel **Euphorbiaceae** T-52

38 a Blüten strahlig 41

— b Blüten zweiseitig-symmetrisch 39

39 a Fruchtknoten stielartig unter der Blüte; Staubbeutel dem Griffel angewachsen; Blüten wie Abb. 103–106 Orchideen, Familienschlüssel **Orchidaceae** T-39

— b Fruchtknoten oberständig; Staubbeutel auf deutlichen Staubfäden 40

40 a Blüten rot, weiß oder gelb Mohngewächse, Familienschlüssel **Papaveraceae** T-45

— b Blüten blau Hahnenfußgewächse, Familienschlüssel **Ranunculaceae** T-46

41 a Blätter gefiedert ..... Artengruppe Arznei-Baldrian, ***Valeriana officinalis*** agg.

— b Blätter ganzrandig 42

42 a Blüte ungestielt, zu einer etwa 10 cm langen Röhre nach unten verlängert; Blätter mit weißen Längsstreifen Krokus, ***Crocus***, Familienschlüssel **Iridaceae** T-40

— b Blüte anders gestaltet; Blätter ohne weiße Längsstreifen 43

43 a Fruchtknoten unterständig Narzissengewächse, Familienschlüssel **Amaryllidaceae** T-41

— b Fruchtknoten oberständig 44

44 a Lilarosa Blüten erscheinen im Herbst, wenn die Blätter längst verwelkt sind Herbstzeitlose, ***Colchicum autumnale***

— b Blätter und Blüten gleichzeitig vorhanden, oder, wenn die Blätter vor der Blütezeit verwelken, Blüten grünlich weiß 45

45 a Pflanze mit nur 4 in einem Quirl stehenden eirundlichen Blättern Einbeere, ***Paris quadrifolia***

— b Pflanze anders gestaltet 46

46 a Blätter (eigentlich Sprosse) haarfein, nadelförmig, am Stängel gebüschelt; Blüte glockig, grünlich gelb .... Gemüse-Spargel, ***Asparagus officinalis***

— b Blätter nicht am Stängel gebüschelt 47

47 a Blätter am Grund herzförmig, insgesamt nur 1 oder 2 Schattenblume, ***Maianthemum bifolium***

— b Blätter nicht herzförmig 48

48 a Blüten in wenig- oder vielblütigen Dolden 54

— b Blüten nicht in Dolden 49

49 a Blüten über 2 cm groß und die Blütenhüllblätter bis zum Grund frei und nicht miteinander verwachsen; Blüten weder blau noch grünlich weiß Liliengewächse, Familienschlüssel **Liliaceae** T-39

— b Blüten unter 2 cm groß oder Blütenhüllblätter am Grunde miteinander verwachsen 50

50 a Blüten blau, violett, rosa oder gelblich 52

— b Blüten weiß oder grünlich weiß 51
51 a Blätter grundständig, nur zu 2 .... Maiglöckchen, ***Convallaria majalis***
— b Stängel beblättert, drehrund
Vielblütige Weißwurz, ***Polygonatum multiflorum***
52 a Blüten 10–25 mm groß 53
— b Blüten 3–8 mm groß, meist kugelig .... Traubenhyazinthe, ***Muscari***
53 a Blütenhülle etwa bis zur Mitte verwachsen .... Hyazinthe, ***Hyacinthus***
— b Blütenhülle nur am Grunde verwachsen, sonst frei .... Blaustern, ***Scilla***
54 a Blüten gelb .... Gelbstern, Goldstern, ***Gagea***
— b Blüten weiß, grünlich weiß oder rosa 55
55 a Pflanze geruchlos; Blüten etwa 2 cm breit
Dolden-Milchstern, ***Ornithogalum umbellatum***
— b Pflanze nach Zwiebeln oder Knoblauch riechend; Blüten kleiner
Lauch, ***Allium*** 56
56 a Blätter röhrig 58
— b Blätter flach 57
57 a Blätter etwa 4 cm breit .... Bärlauch, ***Allium ursinum***
— b Blätter 5–8 mm breit .... Knoblauch, ***Allium sativum***
58 a Blätter walzlich, nicht bauchig .... Schnittlauch, ***Allium schoenoprasum***
— b Blätter unter der Mitte bauchig aufgetrieben 59
59 a Blütenstiel etwa 8-mal so lang wie die grünlich weißen Blüten
Sommerzwiebel, ***Allium cepa***
— b Blütenstiel 3- bis 4-mal so lang wie die weißen bis rötlichen Blüten
Winterzwiebel, ***Allium fistulosum***

TABELLE V

Gras- und schilfartige Gewächse

1 a Blüten in 20–40 cm langen, unten braunen Kolben, Abb. 89, oberer Teil mind. so lang wie der untere; Blätter über 1 cm breit Breitblättriger Rohrkolben, ***Typha latifolia***
— b Blütenstand anders 2
2 a Blüten lebhaft gefärbt 12
— b Blüten unscheinbar, grün, grünlich oder bräunlich 3
3 a Frucht igelartig, Abb. 90; Stängel rund; Pflanze 30–100 cm hoch oder Blätter schwimmend
Igelkolben, ***Sparganium erectum*** s. l.

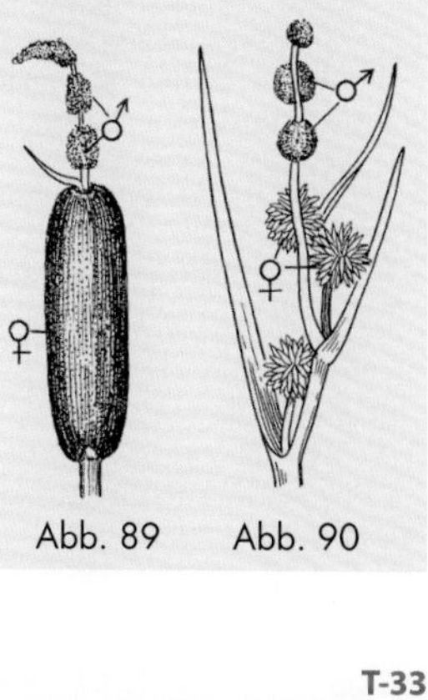

Abb. 89 Abb. 90

— b Frucht nicht igelartig (wenn bei Sauergräsern der Fruchtstand igelähnlich ist, so ist die Pflanze mit 3-kantigem Stängel nur etwa 30 cm hoch) 4

4 a Blütenstand nach der Blütezeit mit langen, weißen Haaren
Wollgras, ***Eriophorum***

— b Blütenstand ohne lange Haare 5

5 a Blütenstand kugelig, vor dem Aufblühen von einer häutigen Hülle umgeben .... Lauch, ***Allium***, Tabelle IV Nr. 56 T-33

— b Blütenstand ohne häutige Hülle 6

6 a Blütenhülle nur aus 1 oder 2 Spelzen bestehend 11

— b Blütenhülle (Krone und Kelchblätter) deutlich 3- oder 6-zählig
Binsengewächse, **Juncaceae** 7

7 a Blätter am Rande langhaarig; Frucht 3-samig ....Simse, ***Luzula*** 9

— b Blätter am Rande kahl; Frucht vielsamig .... Binse, ***Juncus*** 8

8 a Stängel deutlich gefurcht, matt, graugrün, Mark fächerig
Blaugrüne Binse, ***Juncus inflexus***

— b Stängel glatt, glänzend, gelbgrün, Mark nicht unterbrochen
Flatter-Binse, ***Juncus effusus***

9 a Die einzelnen Blüten sitzend und in Köpfchen vereinigt; Blätter flach
Artengruppe Feld-Hainsimse, ***Luzula campestris*** agg.

— b Blüten kurz gestielt 10

10 a Blüten einzeln, entfernt voneinander, Blütenhülle rötlich braun; Blätter bis 1 cm breit, am Rand dicht bewimpert ..... Behaarte Hainsimse, ***Luzula pilosa***

— b Blüten bis zu 10 gruppenweise genähert, Blütenhülle weißlich rötlich; Blätter bis ca. 0,5 cm breit .... Weiße Hainsimse, ***Luzula luzuloides***

11 a Stängel knotig, rund, meist hohl; Blüten hinter 2 Spelzen
Süßgräser, Familienschlüssel **Poaceae** T-41

— b Stängel meist ohne Knoten, 3-kantig, nicht hohl; Blüten hinter 1 Spelze
Sauergräser, Familienschlüssel **Cyperaceae** T-41

12 a Blätter schwertartig, mit den scharfen Kanten einander zugekehrt
Schwertlilie, ***Iris***, Familienschlüssel **Iridaceae** T-40

— b Blätter anders gestaltet 13

13 a Blätter gegenständig, höchstens 0,5 cm breit
Nelkengewächse, Familienschlüssel **Caryophyllaceae** T-56

— b Blätter meist grund- oder wechselständig; wenn gegenständig, dann viel breiter als 0,5 cm 14

14 a Sumpf- und Uferpflanzen, 30–100 cm hoch
weiter bei Tabelle III Nr. 42 T-24

— b Trockenlandpflanzen; wenn an feuchten Stellen wachsend, höchstens 20 cm hoch .... weiter bei Tabelle IV Nr. 42 T-32

TABELLE VI

Pflanzen, die wenigstens zur Blütezeit keine grünen Blätter besitzen

1 a Bäume und Sträucher, die vor Entfaltung der Blätter blühen
weiter bei Tabelle I Nr. 17 T-13

— b Kräuter 2

2 a Fadenförmiger, rötlicher oder gelblicher Stängel mit knopfförmigen Blütenständen, der sich um andere Pflanzen schlingt, nicht in der Erde wurzelnd, Abb. 91 .... Seide, Teufelszwirn, ***Cuscuta***

— b Stängel nicht windend, in der Erde wurzelnd 3

3 a Pflanze mit einer Knolle, aus der im Spätherbst nach dem Verwelken der grünen Blätter eine lilarosa Blüte hervorwächst
Herbstzeitlose, ***Colchicum autumnale*** vgl. Tabelle IV Nr. 44 T-32

— b Pflanze blüht im Frühling oder Sommer 4

4 a Korbblütler (viele Einzelblüten auf gemeinsamem Blütenboden, umgeben von einem Hüllkelch)
Huflattich, ***Tussilago***, Pestwurz, ***Petasites***, Familienschlüssel **Asteraceae** T-66

— b Keine Korbblütler 5

5 a Blüten in allseitswendiger, aufrechter Ähre 7

— b Blütenstand einseitswendig, zur Blütezeit nickend 6

6 a Ganze Pflanze fleischfarbig .... Schuppenwurz, ***Lathraea squamaria***

— b Ganze Pflanze wachsgelb-braun
Fichtenspargel, ***Hypopitys monotropa***, Familienschlüssel **Ericaceae** T-58

7 a Fruchtknoten unterständig .... Vogel-Nestwurz, ***Neottia nidus-avis***

— b Fruchtknoten oberständig; Blüte Abb. 92 .... Sommerwurz, ***Orobanche***

Abb. 91

Abb. 92

Wichtige Familien und Arten der Farn- und Blütenpflanzen

I. Sporenpflanzen, Pteridophyten

In Wurzel, Stamm und Blätter gegliederte, blütenlose Pflanzen. Vermehrung durch 1-zellige, oft braune Sporen, die in besonderen Behältern, den Sporangien, entstehen. Sporangien entweder einzeln, oft an besonderen Blättern (= Sporophyllen), oder zu ährenförmigen Sporangien- oder Sporophyllständen oder gruppenweise zu Sori vereinigt.

1 a Stängel nicht aus Röhren bestehend 4

— b Stängel aus Röhren bestehend; Blätter quirlig, den Stängel scheidenartig umfassend, Abb. 93 .... Schachtelhalm, ***Equisetum*** 2

2 a Stängel nicht oder wenig verzweigt
Teich-Schachtelhalm, ***Equisetum fluviatile***

— b Stängel stark verzweigt 3

3 a Unterstes Stück eines Seitenastes kürzer als die Blattscheide am Stängel; wenn Sporangienstände vorhanden, diese am Ende des grünen Sprosses
Sumpf-Schachtelhalm, ***Equisetum palustre***

— b Unterstes Stück eines Seitenastes länger als die Blattscheide am Stängel; wenn Sporangienstände vorhanden, diese auf separaten gelbbraunen Sprossen
Acker-Schachtelhalm, ***Equisetum arvense***

4 a Pflanze schwimmend, Abb. 60
Gewöhnlicher Schwimmfarn, ***Salvinia natans***

— b Landpflanzen 5

Abb. 93

Abb. 94

Abb. 95

Abb. 96

5 a Oberirdischer Stängel kriechend, mit kleinen linealischen oder schuppenförmigen Blättchen dicht bedeckt, Abb. 94
Sprossender Bärlapp, Wald-Bärlapp, ***Lycopodium annotinum***

— b Die Blätter bilden meist große Wedel .... Farne, **Polypodiophytina** 6

6 a Wedel deutlich über 20 cm hoch 8

— b Wedel bis 20 cm hoch 7

7 a Stiel mindestens so lang wie die Spreite, Wedel 2- bis 3-fach gefiedert, Abb. 95; an Mauern oder Felsen .... Mauerraute, ***Asplenium ruta-muraria***

— b Stiel braun, kürzer als die Spreite, Wedel einfach gefiedert
Braunstieliger Streifenfarn, ***Asplenium trichomanes***

8 a Wedel einfach gefiedert; Sori rundlich, Abb. 96
Gewöhnlicher Tüpfelfarn, ***Polypodium vulgare***

— b Wedel mehrfach gefiedert 9

9 a Wedel lang gestielt, 60–200 cm hoch; Sori randständig in einer saumartigen, vom umgebogenen Rand bedeckten Linie, Abb. 97
Adlerfarn, ***Pteridium aquilinum***

— b Wedelstiel kürzer als 20 cm; Sori nicht randständig 10

10 a Sori länglich, Abb. 98 .... Frauenfarn, ***Athyrium filix-femina***

— b Sori rundlich, Abb. 99 .... Wurmfarn, ***Dryopteris*** 11

11 a Wedel 1-fach gefiedert, weich, sommergrün
Gewöhnlicher Wurmfarn, ***Dryopteris filix-mas***

— b Wedel 2-fach gefiedert, mit fiederspaltigen stachelspitzigen Fiederchen, dunkelgrün .... Dorniger Wurmfarn, ***Dryopteris carthusiana***

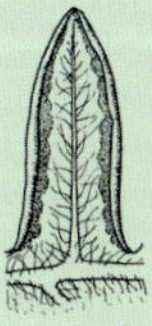

Abb. 97

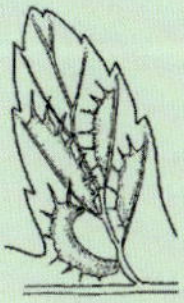

Abb. 98

Abb. 99

II. Nacktsamige Pflanzen, Gymnospermen

Holzpflanzen mit nadel- oder schuppenförmigen Blättern. Blüten eingeschlechtig, ohne Blütenhülle, oft in Zapfen. Samenanlagen frei, nicht in Fruchtknoten eingeschlossen.

1 a Blätter schuppenförmig, dem Zweig angedrückt; Ziergehölze
Lebensbaum, ***Thuja***

— b Blätter nadelförmig 2

2 a Nadeln weich, im Herbst abfallend .... Europäische Lärche, ***Larix decidua***

— b Nadeln derb, immergrün 3

3 a Nadeln einzeln oder in Quirlen zu 3 6

— b Nadeln zu 2 oder 5 zusammensitzend .... Kiefer, ***Pinus*** 4

4 a Nadeln zu 5 .... Zirbel-Kiefer, ***Pinus cembra***

— b Nadeln zu 2 5

5 a Nadeln blaugrün; Zapfen deutlich gestielt
Wald-Kiefer, Föhre, ***Pinus sylvestris***

— b Nadeln grasgrün; Zapfen fast sitzend; Pflanze meist strauchartig
Berg-Kiefer, ***Pinus mugo***

6 a Nadeln in Quirlen zu 3, Abb. 100 .... Wacholder, ***Juniperus communis***

— b Nadeln einzeln 7

7 a Nadeln unterseits grün, ohne helle Streifen 9

— b Nadeln unterseits mit 2 weißen Längsstreifen 8

8 a Nadeln mit scheibenförmig verbreitertem Grund dem Zweig aufsitzend, an der Spitze ausgerandet, Abb. 101; Zapfen aufrecht Weiß-Tanne, ***Abies alba***

— b Nadeln am Grund nicht scheibenförmig verbreitert, beim Zerreiben nach Orange duftend; Zapfen hängend, Deckschuppen herausragend
Gewöhnliche Douglasie, ***Pseudotsuga menziesii***

9 a Alle Nadeln 2-reihig angeordnet, etwa 2 mm breit; Frucht rot, beerenähnlich, Abb. 102 .... Europäische Eibe, ***Taxus baccata***

— b Nadeln höchstens 1 mm breit, gleichmäßig rings um den Zweig gestellt, unterseits grün; Zapfen hängend .... Gewöhnliche Fichte, ***Picea abies***

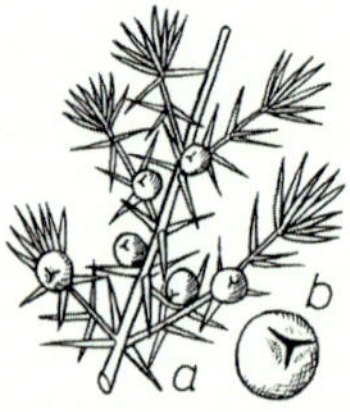

Abb. 100

Abb. 101

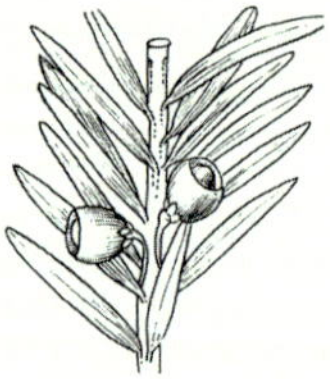

Abb. 102

III. Bedecktsamige Pflanzen, Angiospermen

Einkeimblättrige Pflanzen, Monocotyledoneae

Liliengewächse, Liliaceae. Stauden mit Zwiebeln. Blüten regelmäßig; Blütenhülle aus 2 gleichgestalteten, 3-zähligen Kreisen; Staubblätter 6; Fruchtknoten oberständig, 3-fächerig.

1 a Blütenhüllblätter schmal, weniger als 4 mm breit, Blüten gelb oder grüngelb, in Dolden .... Gelbstern, Goldstern, ***Gagea***
— b Blütenhüllblätter mehr als 4 mm (meist über 1 cm) breit 2
2 a Blüten in einem Kranz unter dem Blätterschopf an der Spitze des Stängels herabhängend .... Kaiserkrone, ***Fritillaria imperialis***
— b Pflanzen anders blühend 3
3 a Blüten zu mehreren am Stängel .... Lilie, ***Lilium*** 5
— b Blüten einzeln an der Stängelspitze 4
4 a Blüte vor dem Aufblühen nickend, gelb; Staubfäden am Grund behaart Wilde Tulpe, ***Tulipa sylvestris***
— b Blüten stets aufrecht; Staubfäden ganz kahl Garten-Tulpe, ***Tulipa gesneriana***
5 a Blüten weiß .... Weiße Lilie, ***Lilium candidum***
— b Blüten braun, braunrot oder feuerrot 6
6 a Mindestens die unteren Blätter sind quirlig Türkenbund-Lilie, ***Lilium martagon***
— b Alle Blätter wechselständig .... Feuer-Lilie, ***Lilium bulbiferum***

Orchideen, Orchidaceae. Stauden mit kugeligen oder geteilten Wurzelknollen. Blätter parallelnervig. Blüten zweiseitig-symmetrisch, ein Kronblatt als Lippe (L) ausgebildet, Abb. 103; Staubblätter 2 oder nur 1, das mit Griffel und Narbe zum „Säulchen" verwachsen ist.

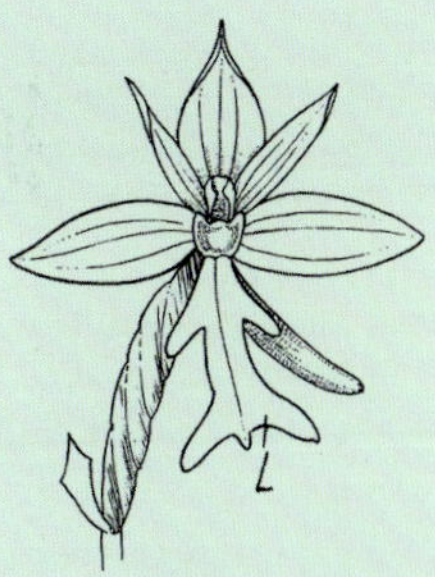

Abb. 103

1 a Pflanze ohne grüne Blätter Vogel-Nestwurz, ***Neottia nidus-avis***
— b Pflanze mit grünen Blättern 2
2 a Stängel 1-, selten 2-blütig Frauenschuh, ***Cypripedium calceolus***
— b Stängel mehrblütig 3
3 a Blüte mit Sporn 5
— b Blüte ohne Sporn 4
4 a Pflanze nur mit 2 eiförmigen, fast gegenständigen Blättern; 1 Blatt der Blüte, die Lippe, stark verlängert, tief 2-spaltig .... Großes Zweiblatt, ***Neottia ovata***

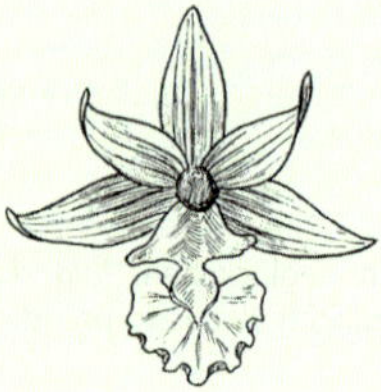

Abb. 104

Abb. 105

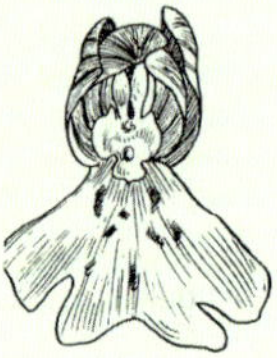

Abb. 106

— b Pflanze mit mehr als 2 nicht gegenständigen Blättern; Kronblätter alle ungefähr gleich lang, Abb. 104 .... Ständelwurz, Sumpfwurz, ***Epipactis***

5 a Lippe ungeteilt, Abb. 105; Blüte grünlich weiß
Weiße Waldhyazinthe, Kuckucksblume, ***Platanthera bifolia***

— b Lippe 3-lappig; Blüte purpurn bis hellrosa 6

6 a Alle Blütenhüllblätter (außer der Lippe) helmförmig zusammenneigend, Abb. 106 .... Kleines Knabenkraut, ***Anacamptis morio***

— b Die beiden seitlichen äußeren Blütenhüllblätter abstehend 7

7 a Stängel markig, wenig zusammendrückbar, mit 6–10 Blättern
Gefleckte Fingerwurz, ***Dactylorhiza maculata***

— b Stängel hohl, leicht zusammendrückbar, mit 3–6 Blättern
Breitblättrige Fingerwurz, ***Dactylorhiza majalis***

Schwertliliengewächse, Iridaceae. Stauden mit Knollen oder Wurzelstöcken. Blätter lineal-grasartig oder schwertförmig-reitend. Blüten regelmäßig oder zweiseitig-symmetrisch; 3 Staubblätter; Griffel mit 3 oft blumenblattartigen Ästen; Fruchtknoten unterständig.

1 a Aus der zwiebelartigen Knolle kommen 1 oder 2 langröhrige Blüten unmittelbar hervor .... Krokus, ***Crocus*** 4

— b Die meist zahlreichen Blüten sitzen an beblätterten Stängeln
Schwertlilie, ***Iris*** 2

2 a Blüten gelb .... Wasser-Schwertlilie, ***Iris pseudacorus***

— b Blüten blau oder violett 3

3 a Stängel 1-blütig, 8–10 cm hoch .... Zwerg-Schwertlilie, ***Iris pumila***

— b Stängel mehrblütig, 30–100 cm hoch Deutsche Schwertlilie, ***Iris germanica***

4 a Blüten gelb .... Gelber Krokus, ***Crocus flavus***

— b Blüten violett, weiß oder violett und weiß gestreift
Frühlings-Krokus, ***Crocus vernus***

Narzissengewächse, Amaryllidaceae. Zwiebelstauden. Blüten wie bei den Liliengewächsen (siehe S. T-39), nur ist der Fruchtknoten unterständig.

1 a Blüten glockig herabhängend 2
— b Blüten seitlich gewendet, ausgebreitet .... Narzisse, ***Narcissus*** 3
2 a Die 6 Zipfel der Blütenhülle sind gleich lang
Frühlings-Knotenblume, Märzenbecher, ***Leucojum vernum***
— b Die 3 inneren Zipfel der Blütenhülle sind kürzer als die äußeren
Schneeglöckchen, ***Galanthus nivalis***
3 a Blüte gelb .... Osterglocke, ***Narcissus pseudonarcissus***
— b Blüte weiß, Nebenkrone rot berandet (Abb. 22, NKr)
Weiße Narzisse, ***Narcissus poeticus***

Sauergräser, Cyperaceae. Stängel oft 3-kantig, selten knotig gegliedert; die oft scharfschneidenden Blätter 3-zeilig gestellt. Blüten in Ähren, Köpfchen oder Spirren.

1 a Blütenstand nach der Blütezeit mit langen, weißen Haaren
Wollgras, ***Eriophorum***
— b Blütenstand ohne lange, weiße Haare 2
2 a In jeder Einzelblüte Griffel und Staubblätter Wald-Simse, ***Scirpus sylvaticus***
— b In jeder Einzelblüte entweder nur Griffel oder nur Staubblätter; Ähren in den Achseln von Tragblättern
Sehr artenreiche Gattung, hier gut erkennbare Beispiele von mittelgroßen Arten .... Seggen, ***Carex*** 3
3 a Alle Ähren mit weiblichen und männlichen Blüten; untere Ähren bis über 7 cm weit voneinander entfernt, Tragblätter den Stängel überragend
Winkel-Segge, ***Carex remota***
— b Ähren getrenntgeschlechtig, obere mit männlichen Blüten, untere mit weiblichen 4
4 a Frucht ungeschnäbelt, kahl; männliche Ähren zu 1 bis 3; Pflanze auffallend graugrün bis blaugrün, bis um 50 cm hoch Blaugrüne Segge, ***Carex flacca***
— b Frucht mit 2-zähnigem Schnabel (der Spitzenteil ist flaschenhalsförmig verlängert) 5
5 a Frucht dicht behaart, über 5 mm lang .... Behaarte Segge, ***Carex hirta***
— b Frucht kahl; Ähren 7-bis 10-mal so lang wie breit, lang gestielt hängend
Wald-Segge, ***Carex sylvatica***

Süßgräser, Poaceae. Halm rund, meist hohl, an den Knoten verdickt. Blätter 2-zeilig mit langer stängelumfassender Scheide und Blatthäutchen. Blüten in Ähren oder Rispen, von Spelzen eingehüllt; 3 (selten 2) Staubblätter; 1 Fruchtknoten mit 2 federförmigen Narben.

1 a Blätter 5–12 cm breit .... Mais, ***Zea mays***
— b Blätter weniger als 5 cm breit 2

2 a Ährengräser, das heißt, die Ährchen sind alle sitzend oder alle gleich kurz gestielt 4

— b Die Ährchen sind unterschiedlich lang gestielt 3

3 a Ährenrispengräser (die vom Halm abgehenden Stiele sind verzweigt, aber so kurz, dass die Ährchen eine ährenförmige Rispe bilden, z. B. Abb. 107) 11

— b Rispengräser (Ährchen langgestielt, oder kurz gestielt an längeren Ästen sitzend, z. B. Abb. 108) 15

Abb. 107

Abb. 108

Abb. 109

4 a Ährchen mit der breiten Seite der Ährenachse zugewandt 6

— b Ährchen mit der schmalen Seite der Ährenachse zugewandt
Lolch, Raygras, ***Lolium*** 5

5 a Blüten mit langen Grannen, Abb. 109
Italienisches Raygras, ***Lolium multiflorum***

— b Blüten unbegrannt .... Englisches Raygras, ***Lolium perenne***

6 a Auf jedem Absatz der Ährenachse sitzt 1 mehrblütiges Ährchen 8

— b Auf jedem Absatz der Ährenachse sitzen 3 einblütige Ährchen
Gerste, ***Hordeum*** 7

7 a Pflanze 50–150 cm hoch; angebautes Getreide; stängelumfassende Blattöhrchen, Abb. 110 .... Saat-Gerste, ***Hordeum vulgare***

— b Pflanze 15–40 cm hoch; wildwachsend Mäuse-Gerste, ***Hordeum murinum***

8 a Mit langem Wurzelstock sich verbreitend; Ährchen mit kurzer Granne; wildwachsend .... Kriechende Quecke, ***Elymus repens***

— b Ohne kriechenden Wurzelstock 9

9 a Wildwachsend; Granne länger als die Deckspelze; Blütenstand wie die weichhaarigen Blätter überhängend ...... Wald-Zwenke, ***Brachypodium sylvaticum***

— b Angebautes Getreide 10

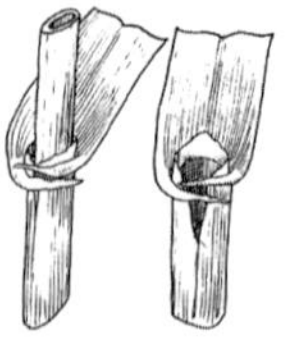

Abb. 110

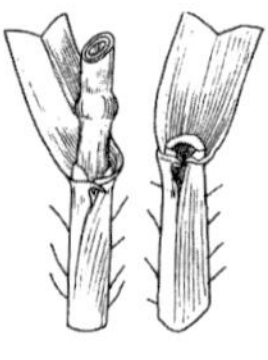

Abb. 111

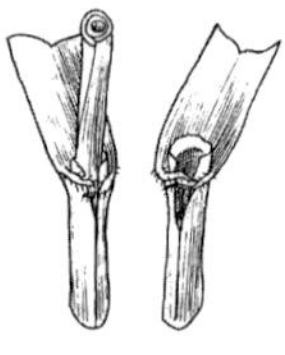

Abb. 112

Abb. 113

10 a Ährchen 2-blütig; Blätter blau bereift; Blattöhrchen kurz, kahl, Abb. 111
Saat-Roggen, ***Secale cereale***

— b Ährchen 3- bis 5-blütig; Blätter grün; Blattöhrchen ziemlich lang bewimpert, Abb. 112 .... Weizen, ***Triticum aestivum***

11 a Ährchen am Grund mit einer kammartigen Hülle, Abb. 113
Wiesen-Kammgras, ***Cynosurus cristatus***

— b Ährchen am Grund ohne kammartige Hülle 12

12 a Ährchen mit 2 bis 3 Blüten, 5–7 mm lang, mit 2–5 Grannen; Halme und Blattscheiden ± behaart; Pflanze golden glänzend
Gewöhnlicher Goldhafer, ***Trisetum flavescens***

— b Ährchen mit 1 Blüte 13

13 a Ährenrispe eiförmig-länglich; 2 Staubblätter; Pflanze nach Waldmeister duftend .... Gewöhnliches Ruchgras, ***Anthoxanthum odoratum***

— b Ährenrispe dicht zylindrisch gedrängt; 3 Staubblätter 14

14 a Hüllspelzen am Grund verwachsen, Abb. 114
Wiesen-Fuchsschwanz, ***Alopecurus pratensis***

— b Hüllspelzen nicht verwachsen, Abb. 115
Timotheusgras, Wiesen-Lieschgras, ***Phleum pratense***

15 a Ährchen mehrblütig 20

— b Ährchen 1-blütig 16

16 a Halm scheinbar ohne Knoten, diese am Grunde des Halms gehäuft, dort knollig verdickt und von den Blattscheiden bedeckt
Blaues Pfeifengras, ***Molinia caerulea***

— b Halm mit Knoten 17

17 a In den Blüten stehen lange Haare .... Reitgras, ***Calamagrostis***

— b In den Blüten stehen keine langen Haare 18

18 a Hohes Ufergras mit 8–13 mm breiten Blättern; 4 Hüllspelzen, 2 fast gleich lange äußere und 2 kleine, schuppenförmige innere
Rohr-Glanzgras, ***Phalaris arundinacea***

— b Zarte Gräser mit zierlichen Ährchen, Abb. 108; 2 Hüllspelzen
Straußgras, ***Agrostis*** 19

19 a Rispe nach dem Verblühen zusammengezogen, meist weißlich; Blatthäutchen 2–6 mm lang .... Weißes Straußgras, ***Agrostis stolonifera***

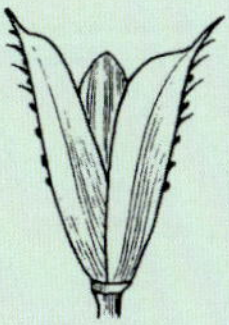
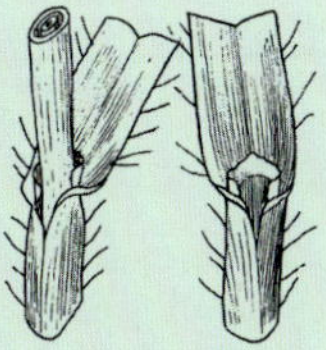

Abb. 114 Abb. 115 Abb. 116

— b Rispe auch nach dem Verblühen ausgebreitet, meist rotviolett; Blatthäutchen etwa 1 mm lang … Rotes Straußgras, ***Agrostis capillaris***

20 a In den Blüten stehen lange schneeweiße Haare … Gewöhnliches Schilf, ***Phragmites australis***

— b In den Blüten stehen keine langen Haare … 21

21 a Angebautes Getreide; ohne Blattöhrchen, Abb. 116 … Saat-Hafer, ***Avena sativa***

— b Wildwachsende Gräser … 22

22 a Ährchen bei der Reife aufrecht … 24

— b Ährchen bei der Reife herabhängend … 23

23 a Ährchen unbegrannt, herzförmig … Gewöhnliches Zittergras, ***Briza media***

— b Ährchen länglich, mit langen Grannen … Taube Trespe, ***Bromus sterilis***

24 a Hüllspelze deutlich kürzer als das Ährchen … 27

— b Hüllspelze etwa so lang wie das Ährchen … 25

25 a Halm kahl oder nur mit vereinzelten Haaren … 34

— b Halm entweder nur an den Knoten oder an den Blattscheiden wollig behaart … Honiggras, ***Holcus*** 26

26 a Blätter, Halm und Blattscheiden behaart; Granne kürzer als die Hüllspelzen … Wolliges Honiggras, ***Holcus lanatus***

— b Nur die Knoten sind behaart; Granne länger als die Hüllspelzen … Weiches Honiggras, ***Holcus mollis***

27 a Blattscheiden offen, Blätter borstlich, Pflanze mit Ausläufern … Rot-Schwingel, ***Festuca rubra***

Festuca ist eine sehr artenreiche Gattung!

— b Blattscheiden meist ganz geschlossen … 28

28 a Rispe aus knäuelig gehäuften Ährchen bestehend … Knäuelgras, ***Dactylis glomerata***

— b Rispe nicht aus geknäuelten Ährchen bestehend … 29

29 a Grannen fehlen … Rispengras, ***Poa*** 31

— b Grannen vorhanden … Trespe, ***Bromus*** (sehr artenreiche Gattung! vgl. auch 23b) 30

30 a Ährchen eiförmig, äußere Hüllspelze 3- bis 5-, innere 5- bis 9-nervig, Ährchenstiele meist kürzer als das Ährchen … Weiche Trespe, ***Bromus hordeaceus*** agg.

— b Ährchen linealisch, äußere Hüllspelze 1-, innere 3-nervig; Blätter am Rand locker bewimpert … Aufrechte Trespe, ***Bromus erectus***

31 a Deckspelzen undeutlich 5-nervig … 33

— b Deckspelzen undeutlich 5-nervig … 32

32 a Blatthäutchen oft über 5 mm lang … Gewöhnliches Rispengras, ***Poa trivialis***

— b Blatthäutchen kurz, kaum über 1 mm lang … Wiesen-Rispengras, ***Poa pratensis***

33 a Äußere Hüllspelze 1-nervig, innere 3-nervig; Stängel aus niederliegendem Grund aufsteigend; typisch für Trittrasen … Einjähriges Rispengras, ***Poa annua***

— b Beide Hüllspelzen 3-nervig; Blatthäutchen sehr kurz; Rispe am Grund mit 3–5 vom selben Knoten abzweigenden Ästen; Blätter steif nach oben oder waagrecht abstehend … Hain-Rispengras, ***Poa nemoralis***

34 a Granne das Ährchen nicht überragend; Blätter oberseits gerippt
Rasen-Schmiele, ***Deschampsia cespitosa***

— b Granne das Ährchen weit überragend 35

35 a Blätter oberseits flach .... Glatthafer, ***Arrhenatherum elatius***

— b Blätter stielrund, borstlich; Ährchenachse geschlängelt
Geschlängelte Schmiele, ***Avenella flexuosa***

Zweikeimblättrige Pflanzen, Dicotyledoneae

Mohngewächse, Papaveraceae. Zweiblättriger, beim Aufblühen meist abfallender Kelch; 4 Kronblätter.

1 a Blüten zweiseitig-symmetrisch, gespornt; 2 Kelchblätter; Frucht eine Schote (Abb. 117) oder Nuss (Abb. 118); Pflanzen ohne Milchsaft 5

— b Blüten strahlig, zahlreiche Staubblätter und 1 Stempel; Frucht eine Kapsel, mit Löchern aufspringend (Abb. 73); Pflanzen mit Milchsaft 2

2 a Milchsaft gelb; Blüten in Dolden; Frucht schotenähnlich, 2-klappig aufspringend .... Schöllkraut, ***Chelidonium majus***

— b Milchsaft weiß; Frucht eine kugelige oder keulenförmige Kapsel, die sich mit Löchern öffnet .... Mohn, ***Papaver*** 3

3 a Kapsel borstig behaart .... Sand-Mohn, ***Papaver argemone***

— b Kapsel kahl, Abb. 73 4

4 a Pflanze kahl; Gartenpflanze .... Schlaf-Mohn, ***Papaver somniferum***

— b Stängel und Blätter behaart .... Klatsch-Mohn, ***Papaver rhoeas***

5 a Sporn sackförmig, Abb. 119; Kelchblätter früh abfallend; Frucht kugelig, Abb. 118 .... Erdrauch, ***Fumaria***

— b Sporn verlängert, spitz; Frucht schotenförmig, Abb. 117
Lerchensporn, ***Corydalis*** 6

6 a Tragblätter eiförmig, ganzrandig; Knolle im Alter hohl
Hohler Lerchensporn, ***Corydalis cava***

— b Tragblätter fingerförmig eingeschnitten; Stängel am Grunde mit einem bleichen Niederblatt; Knolle kugelig, massiv
Gefingerter Lerchensporn, ***Corydalis solida***

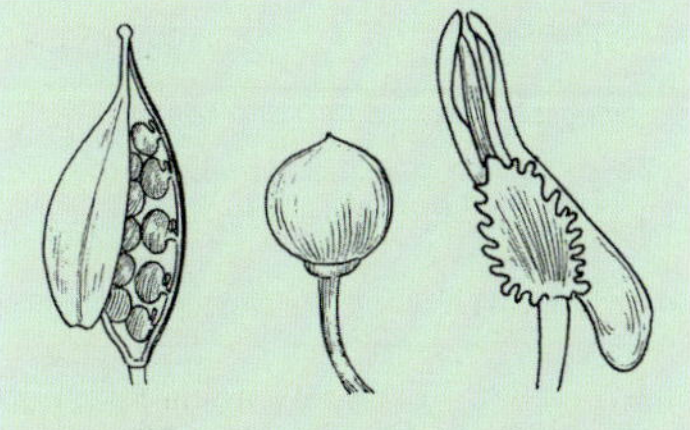

Abb. 117 Abb. 118 Abb. 119

Hahnenfußgewächse, Ranunculaceae. Blüten regelmäßig- oder zweiseitig-symmetrisch; zahlreiche Staubblätter und meist zahlreiche, freie (nicht verwachsene) Fruchtknoten, die je aus 1 Fruchtblatt gebildet werden.

Abb. 120

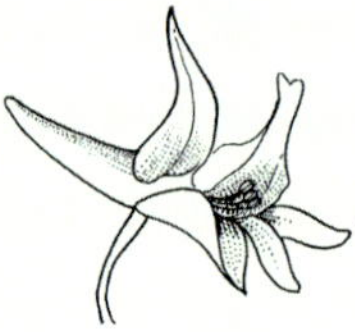

Abb. 121

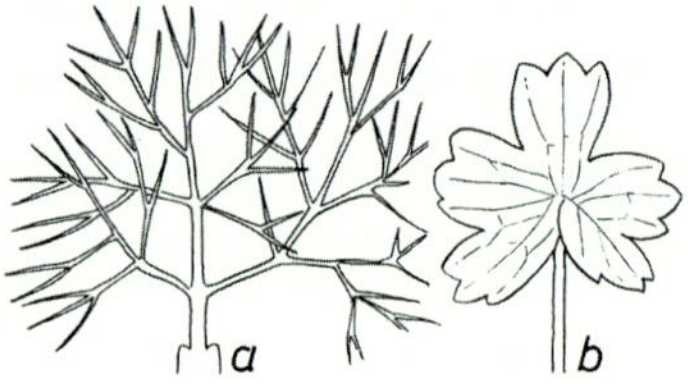

Abb. 122

1 a Blüten weder gespornt noch helmartig 4
— b Blüten gespornt oder helmartig 2
2 a 1 Kronblatt ist helmartig, Abb. 120 Blauer Eisenhut, ***Aconitum napellus***
— b Blüten gespornt, kein helmartiges Kronblatt vorhanden 3
3 a Blüte mit 5 aufwärtsgerichteten spornförmigen Kronblättern, Abb. 84
Gewöhnliche Akelei, ***Aquilegia vulgaris***
— b Blüte mit 1 Sporn, Abb. 121 .... Rittersporn, ***Consolida***
4 a Wasserpflanze mit weißen Blüten; Blätter untergetaucht oder schwimmend, Abb. 122 a + b
Gruppe Wasser-Hahnenfuß, ***Ranunculus*** subgen. ***Batrachium***
— b Blätter nicht untergetaucht oder schwimmend 5
5 a Blätter 3-lappig, Abb. 70 Gewöhnliches Leberblümchen, ***Hepatica nobilis***
— b Blätter anders gestaltet 6
6 a Blätter grundständig oder am Stängel verteilt und wechselständig, kein Quirl von Hochblättern unter der Blüte 9

Abb. 123

Abb. 124

— b Am Stängel unter der Blüte ein Quirl von 3 (zuweilen scheinbar mehr als 3) Hochblättern, Abb. 123 und 124 7
7 a Hochblätter zerschlitzt, seidenhaarig, Abb. 124
Gewöhnliche Küchenschelle, ***Pulsatilla vulgaris***
— b Hochblätter wie die grundständigen Blätter gestaltet, Abb. 123
Windröschen, ***Anemone*** 8
8 a Blüte gelb .... Gelbes Windröschen, ***Anemone ranunculoides***
— b Blüte weiß .... Busch-Windröschen, ***Anemone nemorosa***
9 a Blätter eingeschnitten 11
— b Blätter ungeteilt, ganzrandig oder gekerbt 10
10 a Blüte ohne grüne Kelchblätter; Wurzel ohne Knollen
Sumpfdotterblume, ***Caltha palustris***
— b Blüte mit grünen Kelchblättern; Wurzel mit Knollen
Scharbockskraut, ***Ficaria verna***
11 a Blüten weiß, grün oder rötlich .... Nieswurz, ***Helleborus***
— b Blüten gelb .... Hahnenfuß, ***Ranunculus*** 12
12 a Blütenstiele rund 15
— b Blütenstiele gefurcht 13
13 a Blütenboden kegelförmig; Pflanze an feuchten Standorten
Gift-Hahnenfuß, ***Ranunculus sceleratus***
— b Blütenboden halbkugelig 14
14 a Kelch zurückgeschlagen; Stängel am Grunde knollig verdickt; Pflanze trockenerer Standorte .... Knolliger Hahnenfuß, ***Ranunculus bulbosus***
— b Kelch der Blüte anliegend, höchstens abstehend; Pflanze feuchter Standorte .... Kriechender Hahnenfuß, ***Ranunculus repens***
15 a Blüten klein, blassgelb; Früchtchen bestachelt
Acker-Hahnenfuß, ***Ranunculus arvensis***
— b Blüten goldgelb; Früchtchen kahl ..... Scharfer Hahnenfuß, ***Ranunculus acris***

Stachelbeergewächse, Grossulariaceae. Sträucher. 5-zählige Blüten; unterständiger Fruchtknoten mit 2 Griffeln. Frucht eine Beere.

1 a Strauch dornig .... Stachelbeere, ***Ribes uva-crispa***
— b Strauch ohne Dornen 2
2 a Blüten lebhaft goldgelb; Stützblättchen der Einzelblüten gelb, so lang wie oder länger als der Blütenstiel .... Gold-Johannisbeere, ***Ribes aureum***
— b Blüten unscheinbar gefärbt; Stützblättchen der Einzelblüten grün oder trockenhäutig, viel kürzer als der Blütenstiel 3
3 a Beeren schwarz; Blätter stark duftend
Schwarze Johannisbeere, ***Ribes nigrum***
— b Beeren rot; Blätter kaum duftend .... Rote Johannisbeere, ***Ribes rubrum***

Schmetterlingsblütler, Fabaceae. Kräuter, Sträucher oder Bäume meist mit gefingerten oder gefiederten Blättern, meist mit Nebenblättern. Zweiseitig-symmetrische „Schmetterlingsblüte" (Abb. 39); Kelch 5-zählig; 10 Staubblätter, von denen 9 oder alle 10 verwachsen sind. Frucht eine Hülse.

1 a Stängel krautig 7
— b Stängel holzig 2
2 a Blätter gefiedert 6
— b Blätter einfach oder gefingert 3
3 a Blüten rosa (selten weiß) ..... Hauhechel, ***Ononis***
— b Blüten gelb 4
4 a Blätter alle einfach ..... Ginster, ***Genista***
— b Mindestens die unteren Blätter gefingert 5
5 a Blüten einzeln; Griffel eingerollt ..... Besenginster, ***Cytisus scoparius***
— b Blüten in hängenden Trauben; Griffel nicht eingerollt; Baum
Goldregen, ***Laburnum anagyroides***
6 a Strauch oder Baum mit Stacheln; Blüten weiß
Gewöhnliche Robinie, Scheinakazie, ***Robinia pseudacacia***
— b Strauch oder Baum ohne Stacheln; Blüten gelb; Hülse aufgeblasen
Gewöhnlicher Blasenstrauch, ***Colutea arborescens***
7 a Blätter gefiedert 17
— b Blätter gefingert (mittleres Blättchen bei der Bohne gestielt) 8
8 a Blättchen weniger als 5 cm breit 10
— b Blättchen 5–8 cm breit ..... Bohne, ***Phaseolus*** 9
9 a Blütentrauben kürzer als das stützende Blatt; Hülsen glatt
Garten-Bohne, ***Phaseolus vulgaris***
— b Blütentrauben länger als das stützende Blatt; Hülsen rau
Feuer-Bohne, ***Phaseolus coccineus***
10 a Blätter 7- bis 9-fingerig ..... Lupine, ***Lupinus***
— b Blätter 3-fingerig 11
11 a Wenn Nebenblätter vorhanden, dann viel kleiner als die Blättchen (z. B. Abb. 126, Nb) 13
— b Nebenblätter den Blättchen gleichgestaltet, so dass das Blatt 5-teilig erscheint, Abb. 125; Blüten in kopfiger Dolde ..... Hornklee, ***Lotus*** 12
12 a Stängel markig, kantig; Pflanze ohne Ausläufer
Gewöhnlicher Hornklee, ***Lotus corniculatus***
— b Stängel hohl, rund; Pflanze mit Ausläufern; an feuchten Standorten
Sumpf-Hornklee, ***Lotus pedunculatus***
13 a Frucht nicht oder nur wenig aus dem Kelch hervorragend, von der vertrockneten Krone umhüllt ..... Klee, ***Trifolium*** 24
— b Frucht viel länger als der Kelch, Krone abfallend 14
14 a Blüten in Köpfchen oder gedrängten Trauben ..... ***Medicago*** 16
— b Blüten in langen, lockerblütigen Trauben ..... Steinklee, ***Melilotus*** 15
15 a Blüten weiß ..... Weißer Steinklee, ***Melilotus albus***
— b Blüten gelb ..... Echter Steinklee, ***Melilotus officinalis***
16 a Blüten gelb ..... Hopfenklee, ***Medicago lupulina***

— b Blüten blau oder violett .... Luzerne, ***Medicago sativa***
17 a Blätter unpaarig gefiedert .... Esparsette, ***Onobrychis viciifolia***
— b Blätter paarig gefiedert 18
18 a Blatt endet in einer Wickelranke 20
— b Blatt endet in einer nicht rankenden Spitze 19
19 a Blüten zu 1–4 in den Blattachseln, weiß mit schwarzen Flecken; Hülsen 10–20 cm lang; Fiederblättchen mit Stachelspitze Pferdebohne, Saubohne, ***Vicia faba***
— b Blüten rot bis blau, in mehrblütigen Trauben; Hülsen höchstens 4 cm lang
Frühlings-Platterbse, ***Lathyrus vernus***
20 a Blüte gelb .... Wiesen-Platterbse, ***Lathyrus pratensis***
— b Blüte andersfarbig 21
21 a Nebenblätter sehr groß, größer als die Blättchen; Blüte meist weiß
Garten-Erbse, ***Pisum sativum***
— b Nebenblätter höchstens so groß wie die Blättchen; Blüte violett oder rot
Wicke, ***Vicia*** 22
22 a Blüten in langgestielten, reichblütigen Trauben, Abb. 126
Vogel-Wicke, ***Vicia cracca***
— b Blüten in kurzgestielten, 1- bis 5-blütigen Trauben 23
23 a Blüten zu 3–5, Abb. 127; Kelchzähne sehr kurz ..... Zaun-Wicke, ***Vicia sepium***
— b Blüten zu 1–2; Kelchzähne etwa halb so lang wie die Kelchröhre oder länger .... Saat-Wicke, ***Vicia sativa***
24 a Blüten gelb 26
— b Blüten rot, weiß oder weißlich 25
25 a Blüten weiß; Stängel kriechend, an den Knoten wurzelnd
Weiß-Klee, ***Trifolium repens***
— b Blüten rot, Kelchröhre 10-nervig, außen behaart
Wiesen-Klee, ***Trifolium pratense***
26 a Köpfchen kleiner als 1,5 cm, mit 3–15 Blüten, diese bis 0,4 cm lang
Kleiner Klee, Zwerg-Klee, ***Trifolium dubium***
— b Köpfchen kleiner als 1,5 cm, mit mehr als 20 Blüten, diese über 0,4 cm lang
Feld-Klee, ***Trifolium campestre***

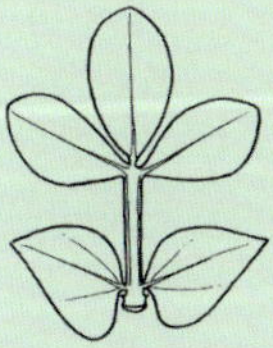
Abb. 125

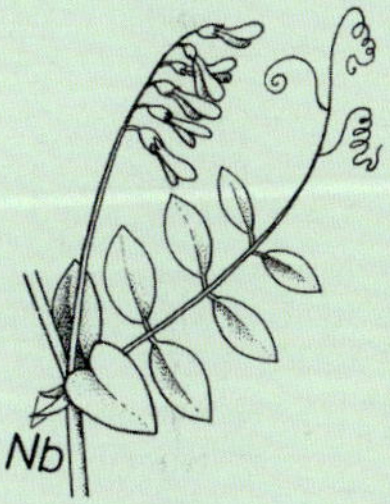

Abb. 126

Abb. 127

Rosengewächse, Rosaceae. Kräuter oder Holzpflanzen. Blätter am Grund meist mit Nebenblättern. Blüten regelmäßig, mit Kelch und Krone; Staubblattzahl 5 oder 2- bis 4-mal so viel Staubblätter wie Kronblätter; meist mehrere, nicht verwachsene (freie) Fruchtknoten.

1 a Bäume oder Sträucher 12
— b Kräuter 2
2 a Blüten gelb, grünlich oder rötlich 4
— b Blüten weiß 3
3 a Blätter gefiedert ..... Echtes Mädesüß, ***Filipendula ulmaria***
— b Blätter gefingert; Kronblätter vorne abgerundet, sich meist berührend
Wald-Erdbeere, ***Fragaria vesca***
4 a Blätter nur gelappt, Abb. 85
Artengruppe Gewöhnlicher Frauenmantel, ***Alchemilla vulgaris*** agg.
— b Blätter gefingert oder gefiedert 5
5 a Blüten in Ähren oder Köpfchen 11
— b Blüten einzeln 6
6 a Griffel lang, an der Frucht bleibend, Abb. 128 ..... Nelkenwurz, ***Geum*** 10
— b Griffel kurz, abfallend ..... Fingerkraut, ***Potentilla*** 7
7 a Blätter gefiedert ..... Gänse-Fingerkraut, ***Potentilla anserina***
— b Blätter gefingert 8
8 a Kronblätter meist 4, gelb; Blätter keilförmig, 3-zählig, breit gezähnt; Pflanze niederliegend ..... Blutwurz, ***Potentilla erecta***
— b Kronblätter 5, gelb; Blätter 5-zählig 9
9 a Pflanze mit sich bewurzelnden Ausläufern
Kriechendes Fingerkraut, ***Potentilla reptans***
— b Pflanze ohne sich bewurzelnde Ausläufer, oft rasenbildend
Frühlings-Fingerkraut, ***Potentilla verna***
10 a Blüte nickend, rötlich gelb; Nebenblätter höchstens 1 cm breit
Bach-Nelkenwurz, ***Geum rivale***
— b Blüte aufrecht, gelb; Nebenblätter etwa 3 cm breit
Echte Nelkenwurz, ***Geum urbanum***
11 a Blüten rot, in walzlichen Köpfchen ..... Wiesenknopf, ***Sanguisorba***
— b Blüten gelb, in lockeren Ähren oder Trauben
Gewöhnlicher Odermennig, ***Agrimonia eupatoria***
12 a Blätter aus Blättchen zusammengesetzt 24
— b Blätter höchstens eingeschnitten 13
13 a Strauch oder Baum, höchstens mit vereinzelten Dornen 15
— b Strauch, stark mit Dornen besetzt 14

Abb. 128

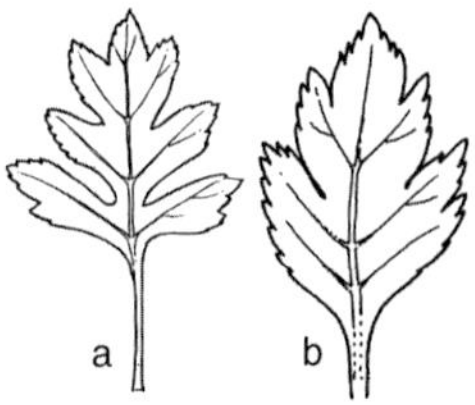

Abb. 129

14 a Blätter gelappt, Abb. 129a, b; Blüten nach den Blättern erscheinend, mit 1 Griffel; Frucht mit 1 Steinkern Eingriffeliger Weißdorn, ***Crataegus monogyna***

— b Blätter gekerbt; Blüten vor oder mit den Blättern erscheinend Schlehe, Schwarzdorn, ***Prunus spinosa***

15 a Blüte mit 1 Griffel 19

— b Blüte mit 3–5 Griffeln 16

16 a Blätter gesägt 18

— b Blätter ganzrandig 17

17 a Kelchblätter länger als die Kronblätter, ganzrandig; Blätter viel länger als breit .... Echte Mispel, ***Mespilus germanica***

— b Kelchblätter kürzer als die Kronblätter, gezähnelt; Blätter nicht oder nur wenig länger als breit .... Quitte, ***Cydonia oblonga***

18 a Blüten weiß, Staubbeutel rot .... Birnbaum, ***Pyrus communis***

— b Blüten rötlich weiß, Staubbeutel gelb .... Apfelbaum, ***Malus pumila***

19 a Blüten einzeln, zu 2 oder in Büscheln 21

— b Blüten in Trauben 20

20 a Trauben 4- bis 13-blütig, aufrecht, Abb. 130 Steinweichsel, ***Prunus mahaleb***

— b Trauben vielblütig, hängend .... Traubenkirsche, ***Prunus padus***

21 a Blüten länger als 2 cm lang gestielt, in Büscheln zu 2 bis 5 23

— b Blüten höchstens 2 cm lang gestielt, einzeln oder zu 2 22

22 a Stark dorniger Strauch; Kronblätter höchstens 8 mm lang; Frucht kugelig Schlehe, Schwarzdorn, ***Prunus spinosa***

— b Strauch wenig dornig; Kronblätter länger als 8 mm; Frucht länglich Pflaume, Zwetschge, ***Prunus domestica***

23 a Blütenknospen nur von braunen Schuppen umhüllt, Abb. 131; Blätter runzelig .... Süßkirsche, ***Prunus avium***

— b Blütenknospen außer von braunen Schuppen noch von 1–2 kleinen, grünen Blättern umhüllt, Abb. 132; Blätter glatt .... Sauerkirsche, ***Prunus cerasus***

24 a Pflanze mit Stacheln (fälschlich Dornen genannt) Rosen, ***Rosa***, und Brombeeren, ***Rubus,*** weiter mit Tabelle I, Nr. 30 T-14

— b Pflanze ohne Stacheln Gewöhnl. Eberesche, Vogelbeere, ***Sorbus aucuparia***

Abb. 130

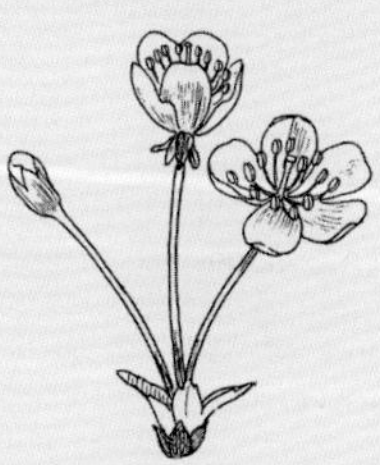

Abb. 131

Abb. 132

Brennnesselgewächse, Urticaceae. Mit Brennhaaren. Blüten eingeschlechtig; Blütenhülle einfach, 4-blättrig; 4 Staubblätter.

1 a Pflanze 10–40 cm hoch; Blütenrispe kürzer als der Blattstiel; Pflanze einhäusig, Rispen mit männlichen und weiblichen Blüten
Kleine Brennnessel, ***Urtica urens***

— b Pflanze 50–200 cm hoch; Blütenrispe länger als der Blattstiel; Pflanze zweihäusig, das heißt, männliche Blüten (nur mit Staubblättern) und weibliche Blüten (nur mit Stempeln) stehen auf verschiedenen Pflanzen
Große Brennnessel, ***Urtica dioica***

Gurken- oder Kürbisgewächse, Cucurbitaceae. Mit Ranken kletternde Kräuter. Kelch und Krone im unteren Teil miteinander verwachsen; von den 5 Staubblättern sind 4 paarweise miteinander verwachsen; Fruchtknoten unterständig.

1 a Blüten in Trauben, 1–1,5 cm breit .... Zaunrübe, ***Bryonia*** 3
— b Blüten einzeln, mehrere cm breit 2
2 a Ranken einfach .... Gurke, ***Cucumis sativus***
— b Ranken verzweigt .... Gartenkürbis, ***Cucurbita pepo***
3 a Männliche Blüten (nur mit Staubblättern) und weibliche Blüten (nur mit Stempeln) auf verschiedenen Pflanzen; Beeren rot
Zweihäusige Zaunrübe, ***Bryonia dioica***
— b Männliche und weibliche Blüten auf derselben Pflanze; Beeren schwarz
Weiße Zaunrübe, ***Bryonia alba***

Wolfsmilchgewächse, Euphorbiaceae. Meist mit Milchsaft. Die „Scheinblüte" der Wolfsmilch ist ein Blütenstand mit 1 weiblichen Blüte (gestielter heraushängender Fruchtknoten, F in Abb. 133, 134) und 1 männlichen, die aus je 1 gestielten Staubblatt besteht (♂ Bl); rundliche oder halbmondförmige Honigdrüsen (Ho). Fliegenblumen.

1 a Ohne Milchsaft; Blätter gestielt; Pflanze mit Ausläufern
Ausdauerndes Bingelkraut, ***Mercurialis perennis***

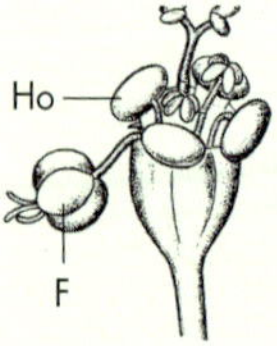

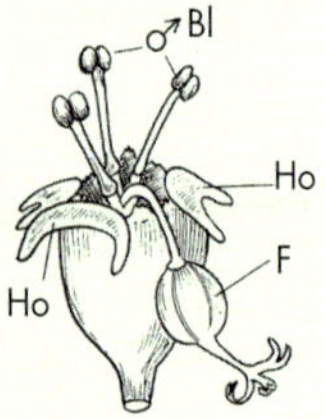

Abb. 133 Abb. 134

— b Mit Milchsaft
Wolfsmilch, ***Euphorbia*** (artenreiche Gattung, hier Beispiele) 2
2 a Blätter rundlich 4
— b Blätter linealisch oder lanzenförmig 3
3 a Blätter 1–2 mm breit .... Zypressen-Wolfsmilch, ***Euphorbia cyparissias***
— b Blätter 4–8 mm breit .... Ufer-, Esels-Wolfsmilch, ***Euphorbia esula***
4 a Honigdrüsen rundlich, Abb. 133 Sonnen-Wolfsmilch, ***Euphorbia helioscopia***
— b Honigdrüsen halbmondförmig, Abb. 134
Garten-Wolfsmilch, ***Euphorbia peplus***

Weidengewächse, Salicaceae. Zweihäusige Bäume oder Sträucher. Blätter meist wechselständig, einfach, ungeteilt, oft mit Nebenblättern, zuweilen klein und früh abfallend. Blüten eingeschlechtig, Blütenhülle unauffällig, meist in kätzchenartigen Blütenständen. Meist Kapselfrüchte; Samen oft mit Haarschopf.

1 a Mindestens die männlichen Kätzchen hängend; Blätter höchstens doppelt so lang wie breit; Schuppen der männlichen Kätzchen mit langen Haaren; Blattstiel mindestens 4 cm lang, abgeflacht, Blätter rundlich
Zitter-Pappel, ***Populus tremula***
— b Während der Blüte alle Kätzchen aufrecht; Blätter mindestens doppelt so lang wie breit .... Weide, ***Salix*** 2
2 a Blätter mehr als 4-mal so lang wie breit 4
— b Blätter weniger als 4-mal so lang wie breit 3
3 a Holz mit deutlichen Striemen (Rinde abziehen); Strauch
Grau-Weide, ***Salix cinerea***
— b Holz ohne Striemen, Rinde mit rautenförmigen Korkwarzen (= durch Aufreißen der Borke entstandene Ausstülpungen); Baum .... Sal-Weide, ***Salix caprea***
4 a Bis 25 Meter hoher Baum; Blätter unterseits silbrig behaart, dem Baum ein silbrig-graues Aussehen verleihend .... Silber-Weide, ***Salix alba***
— b Strauch mit dünnen, oft purpurroten Zweigen; Blätter nach vorne verbreitert, im oberen Teil gesägt .... Purpur-Weide, ***Salix purpurea***

Veilchengewächse, Violaceae. Blüten zweiseitig-symmetrisch; 5 Kelchblätter und 5 Kronblätter, von denen das untere gespornt ist; 5 Staubblätter; Fruchtknoten oberständig. Frucht eine Kapsel.

1 a Die beiden seitlichen Kronblätter abwärts gerichtet, Blüten blau oder blau und weiß, kleiner als 3 cm („Veilchen") 4
— b Die beiden seitlichen Kronblätter aufwärts gerichtet („Stiefmütterchen") 2
2 a Blüten gelb oder mehrfarbig, größer als 3 cm
Garten-Stiefmütterchen, ***Viola × wittrockiana***
— b Blüten kleiner als 3 cm, violett, gelb oder 3-farbig 3
3 a Kronblätter die Kelchblätter deutlich überragend
Wildes Stiefmütterchen, ***Viola tricolor***

— b Kronblätter höchstens so lang wie die Kelchblätter Acker-Stiefmütterchen, ***Viola arvensis***
4 a Pflanze mit (zuweilen nur kurzen) Ausläufern; Blüte wohlriechend Wohlriechendes Veilchen, ***Viola odorata***
— b Pflanze ohne Ausläufer; Blüte ohne Duft 5
5 a Stängel nicht beblättert; Blütenstiel aus Rosette entspringend Raues Veilchen, ***Viola hirta***
— b Stängel beblättert; Blütenstiel aus Blattachseln der Stängelblätter entspringend;lang gestielte Grundblätter vorhanden 6
6 a Sporn bis 6 mm lang, schlank, dunkelviolett Wald-Veilchen, ***Viola reichenbachiana***
— b Sporn bis 3 mm lang, dick, weißlich .... Hain-Veilchen, ***Viola riviniana***

Seifenbaumgewächse, Sapindaceae. Bäume. Handförmig geteilte Blätter. 4 oder 5 gleich aussehende Kron- und Kelchblätter. Flügelfrüchte.

1 a Blütenstände hängend; Blätter s. Abb. 135 Berg-Ahorn, ***Acer pseudoplatanus***
— b Blütenstände aufrecht 2
2 a Blätter mit spitzen Lappen, Abb. 136 .... Spitz-Ahorn, ***Acer platanoides***
— b Blätter mit stumpfen Lappen, Abb. 137 .... Feld-Ahorn, ***Acer campestre***

Abb. 135

Abb. 136

Abb. 137

Kreuzblütler, Brassicaceae. 4 Kelchblätter; 4 Kronblätter über Kreuz gestellt; 4 lange und 2 kurze Staubblätter. Frucht eine Schote oder ein Schötchen.

1 a Schotenfrüchtige (Frucht mindestens 3-mal so lang wie breit); vgl. Abb. 140 5
— b Schötchenfrüchtige (Frucht höchstens 3-mal so lang wie breit); Abb. 138 u. 139 2
2 a Blätter alle grundständig .... Frühlings-Hungerblümchen, ***Draba verna***
— b Stängel beblättert 3
3 a Kronblätter tief gespalten; Pflanze grauhaarig Graukresse, ***Berteroa incana***

— b Kronblätter ungeteilt oder ein wenig ausgerandet 4

4 a Schötchen dreieckig, Abb. 138 Hirtentäschelkraut, ***Capsella bursa-pastoris***

— b Schötchen rundlich, mit breitem Hautrand, Abb. 139
Acker-Hellerkraut, ***Thlaspi arvense***

5 a Blüten gelb oder gelblich 11

— b Blüten weiß, rötlich oder bläulich 6

6 a Schoten dickwandig, schwammig; Kronblätter violett geadert
Garten-Rettich, Radieschen, ***Raphanus sativus***

— b Schoten dünnwandig, nicht schwammig 7

7 a Schoten unter 1 mm breit; Blätter ungeteilt; Blüten weiß
Acker-Schmalwand, ***Arabidopsis thaliana***

— b Schoten über 1 mm breit 8

8 a Blätter gesägt, nicht gefiedert .... Knoblauchsrauke, ***Alliaria petiolata***

— b Blätter (wenigstens die unteren) gefiedert 9

9 a Stängel immer hohl; Staubblätter gelb
Echte Brunnenkresse, ***Nasturtium officinale***

— b Stängel anfangs markig, später hohl; Grundblätter in Rosette 10

10 a Kronblätter kürzerer als 5 mm, weiß; 2–4 Stängelblätter; Pflanze etwas behaart .... Behaartes Schaumkraut, ***Cardamine hirsuta***

— b Kronblätter länger als 5 mm, lila oder weiß, Staubbeutel gelb
Wiesen-Schaumkraut, ***Cardamine pratensis***

11 a Schoten zwischen den Samen stark eingeschnürt, Abb. 140
Hederich, ***Raphanus raphanistrum***

— b Schoten nicht oder wenig eingeschnürt 12

12 a Blätter sehr fein zerteilt, 2- bis 3-fach gefiedert
Besenrauke, ***Descurainia sophia***

— b Blätter nicht fein zerteilt 13

13 a Schoten aufrecht, dem Stängel ± angedrückt; Kronblätter bis 3 mm lang
Weg-Rauke, ***Sisymbrium officinale***

— b Schoten abstehend 14

14 a Oberes Ende der Frucht im Querschnitt rundlich; Klappen der Frucht mit 1 Nerv .... Kohl, ***Brassica*** 16

— b Oberes Ende der Frucht im Querschnitt ± zusammengedrückt; Klappen der Frucht mit 3–5 starken Nerven .... Senf, ***Sinapis*** 15

15 a Blätter gefiedert; Schnabel der Frucht schwertartig; Frucht meist steifborstig; Samen gelblich
Weißer Senf, ***Sinapis alba***

— b Blätter höchstens gelappt; Schnabel der Frucht flach 4-kantig; Frucht meist kahl, bis 4 cm lang; Samen schwarz
Acker-Senf, ***Sinapis arvensis***

16 a Obere Blätter mit keilförmigem Grund sitzend, alle Blätter kahl
Gemüse-Kohl, ***Brassica oleracea***

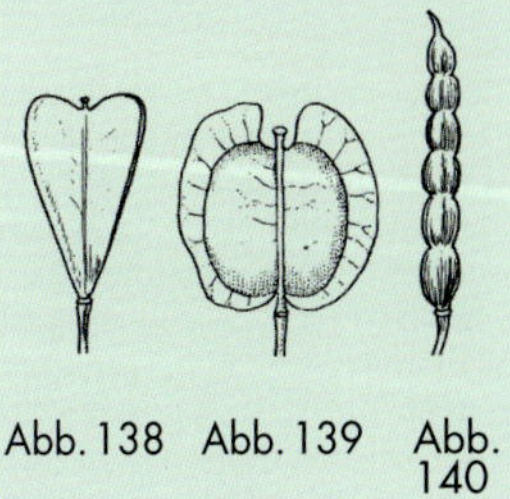

Abb. 138 Abb. 139 Abb. 140

— b Obere Blätter mit tief herzförmigem Grund, untere Blätter meist zerstreut behaart 17
17 a Die Blüten überragen die Knospen .... Rübsen, Stoppelrübe, ***Brassica rapa***
— b Die Knospen überragen die Blüten .... Raps, Kohlrübe, ***Brassica napus***

Knöterichgewächse, Polygonaceae. Stängel mit Knoten. Blätter wechselständig; am Blattgrund stängelumfassende Tüte (Abb. 86). Blüten meist unscheinbar; Fruchtknoten oberständig.

1 a Stängel windend .... Windenknöterich, ***Fallopia convolvulus***
— b Stängel nicht windend 2
2 a Blütenhülle mit 5 Blättern, diese etwa gleich groß 5
— b Blütenhülle mit 6 Blättern, an reifer Frucht die 3 inneren eng anliegend und viel größer als die 3 äußeren .... Ampfer, ***Rumex*** 3
3 a Blatt am Grund abgerundet bis herzförmig; innere Blütenhüllblätter gezähnt; Blütenstand oberwärts blattlos; Blätter über 10 cm groß, vorne abgerundet oder spitzlich .... Stumpfblatt-Ampfer, ***Rumex obtusifolius***
— b Blatt am Grund pfeil- oder spießförmig; Blütenhüllblätter ganzrandig 4
4 a Äußere Blütenhüllblätter zurückgeschlagen; Pflanze über 30 cm hoch; stängelumfassende Tüte gezähnt oder zerschlitzt
Großer Sauerampfer, ***Rumex acetosa***
— b Äußere Blütenhüllblätter aufrecht; Pflanze kleiner als 30 cm
Kleiner Sauerampfer, ***Rumex acetosella***
5 a Pflanze sehr groß und kräftig; Stängel rot gefleckt, hohl
Japanischer Staudenknöterich, ***Reynoutria japonica***
— b Pflanze deutlich kleiner 6
6 a Frucht weit aus der Blütenhülle herausragend, doppelt so lang wie diese; Blätter breit herzpfeilförmig; Pflanze angebaut
Buchweizen, ***Fagopyrum esculentum***
— b Frucht nicht oder nur wenig aus der Blütenhülle herausragend 7
7 a Blüten zu 1–3 in den Blattachseln .... Vogel-Knöterich, ***Polygonum aviculare***
— b Blüten in Ähren; Blätter länglich, selten mit herzförmigem Grund; Wasser- oder Landpflanze .... Wasser-Knöterich, ***Persicaria amphibia***

Nelkengewächse, Caryophyllaceae. Blätter gegenständig. 4 oder 5 Kelch- und Kronblätter; meist 10 Staubblätter; Fruchtknoten oberständig. Frucht eine einfächerige Kapsel, die mit Zähnen an der Spitze aufspringt.

1 a Kelch getrenntblättrig .... Mierenartige, **Alsinoideae** 12
— b Kelch verwachsenblättrig (oft mit langen Zipfeln oder mit Schuppen am Grund, siehe Abb. 141) .... Nelkenartige, **Silenoideae** 2
2 a Am Grund des Kelchs keine Schuppen 5
— b Die lange Kelchröhre (K) ist am Grund von grünen Schuppen (aK) umhüllt, Abb. 141 .... Nelke, ***Dianthus*** 3

3 a Blüten in Büscheln beieinander; Stängel kahl Kartäuser-Nelke, ***Dianthus carthusianorum***

— b Blüten einzeln; Stängel kahl oder behaart 4

4 a Stängel kurzhaarig; wildwachsende Pflanze Heide-Nelke, ***Dianthus deltoides***

— b Stängel kahl; Gartenzierpflanze .... Garten-Nelke, ***Dianthus caryophyllus***

5 a Zipfel des Kelchs länger als die Kronblätter Kornrade, ***Agrostemma githago***

— b Zipfel des Kelchs kürzer als die Kronblätter 6

6 a Kronblätter tief 4-spaltig, Abb. 142 Kuckucks-Lichtnelke, ***Lychnis flos-cuculi***

— b Kronblätter ungeteilt oder 2-spaltig 7

7 a Stängel unter den oberen Knoten wie mit Pech bestrichen; Blüte purpurrot Pechnelke, ***Viscaria vulgaris***

— b Stängel meist ohne Pechring; wenn der Stängel ein wenig klebrig ist, dann ist die Blüte weiß 8

8 a Griffel 2; Blüte oft gefüllt .... Seifenkraut, ***Saponaria officinalis***

— b Griffel 3 oder 5 oder fehlend 9

9 a Griffel 3 11

— b Griffel 5 oder fehlend, weil die Arten zweihäusig sind 10

10 a Blüte rot .... Rote Lichtnelke, ***Silene dioica***

— b Blüte weiß .... Weiße Lichtnelke, ***Silene latifolia***

11 a Kelch aufgeblasen, 20-nervig .... Taubenkropf-Leimkraut, ***Silene vulgaris***

— b Kelch röhrig, 10-nervig .... Nickendes Leimkraut, ***Silene nutans***

12 a Blätter quirlig, linealisch, Abb. 143 .... Feld-Spark, ***Spergula arvensis***

— b Blätter gegenständig oder wechselständig 13

13 a Kronblätter ungeteilt, Griffel 3; Pflanze behaart Dreinervige Nabelmiere, ***Moehringa trinervia***

— b Kronblätter tief gespalten 14

14 a Griffel 3 .... Sternmiere, ***Stellaria*** 16

— b Griffel 5 .... Hornkraut, ***Cerastium*** 15

15 a Kronblätter länger als 8 mm, etwa doppelt so lang wie der Kelch; Blätter länglich .... Acker-Hornkraut, ***Cerastium arvense***

— b Kronblätter kürzer als 8 mm, obere Tragblätter breit trockenhäutig Gewöhnliches Hornkraut, ***Cerastium fontanum***

Abb. 141

Abb. 142

Abb. 143

Abb. 144

16 a Stängel rund, mit 1 Längsreihe von Haaren; Blätter rundlich, kurz gestielt
Vogelmiere, ***Stellaria media***

— b Stängel 4-kantig; Blätter sitzend, länglich
Große Sternmiere, ***Stellaria holostea***

Heidekrautgewächse, Ericaceae. Zwergsträucher. Ledrige, mitunter nadelförmige Blätter. Blüten regelmäßig, 4- bis 5-zählig; Kronblätter verwachsen; 5–10 Staubblätter.

1 a Ganze Pflanze wachsgelb-braun; Blätter schuppenförmig
Fichtenspargel, ***Hypopitys monotropa***

— b Pflanze mit grünen Blättern 2

2 a Pflanze krautig, mit Blattrosette; Blüten glockig, hängend, in ein- oder allseitswendigen Trauben .... Wintergrün, ***Pyrola***, Birngrün, ***Orthilia***

— b Pflanze strauchig 3

3 a Blätter flach, am Rande zuweilen umgerollt
Heidelbeerartige, **Vaccinioideae** 5

— b Blätter nadelförmig .... Eigentliche Heidekräuter, **Ericoideae** 4

4 a Krone tief 4-spaltig, kürzer als der hellrot gefärbte Kelch, außerdem ein bräunlich grüner Außenkelch .... Heidekraut, ***Calluna vulgaris***

— b Krone glockenförmig, länger als der Kelch .... Glocken-Heide, ***Erica tetralix***

5 a Stängel fadenförmig, im Torfmoos kriechend
Moosbeere, ***Vaccinium oxycoccos***

— b Stängel aufrecht 6

6 a Blätter immergrün, am Rand umgerollt; Stängel rund
Preiselbeere, ***Vaccinium vitis-idaea***

— b Blätter im Herbst abfallend, gesägt; Stängel kantig, Abb. 144
Heidelbeere, ***Vaccinium myrtillus***

Raublattgewächse, Boraginaceae. Pflanzen stachelig behaart. Blätter ungeteilt. Blüten 5-zählig; Fruchtknoten oberständig, 4-teilig. Frucht mit 4 Nüsschen.

1 a Blüte meistens über 5 mm breit oder, wenn nicht breiter, weiß 4

— b Blüte höchstens 5 mm breit, himmelblau .... Vergissmeinnicht, ***Myosotis*** 2

2 a Kelch anliegend behaart, wenig gespalten
Sumpf-Vergissmeinnicht, ***Myosotis scorpioides*** agg.

— b Kelch abstehend ± hakig behaart 3

3 a Blüten 2–4 mm breit, trichterförmig
Acker-Vergissmeinnicht, ***Myosotis arvensis***

— b Blüten über 6 mm breit, flach ausgebreitet
Wald-Vergissmeinnicht, ***Myosotis sylvatica***

4 a Krone mit ungleichen Zipfeln, Abb. 145
Gewöhnlicher Natternkopf, Stolzer Heinrich, ***Echium vulgare***

— b Zipfel der Krone gleich oder fast gleich 5

5 a Am Eingang zur Blütenröhre 5 Schuppen (Schlundschuppen, Abb. 146 S) 7
— b Schlundschuppen fehlen 6
6 a Blüten gelblich weiß .... Acker-Steinsame, ***Lithospermum arvense***
— b Blüten anfangs rot, später blau Echtes Lungenkraut, ***Pulmonaria officinalis***
7 a Krone glockig erweitert, Abb. 146
Gewöhnlicher Beinwell, ***Symphytum officinale***
— b Krone anders gestaltet 8
8 a Frucht stachelig, Abb. 147
Gewöhnliche Hundszunge, ***Cynoglossum officinale***
— b Frucht ohne Stacheln 9
9 a Krone sternförmig .... Garten-Borretsch, ***Borago officinalis***
— b Krone mit Röhre 10
10 a Kronröhre gerade .... Echte Ochsenzunge, ***Anchusa officinalis***
— b Kronröhre gekrümmt, Abb. 148
Wolfsauge, Ackerkrummhals, ***Anchusa arvensis***

Abb. 145

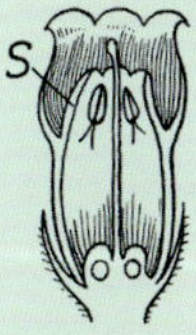

Abb. 146

Abb. 147

Abb. 148

Nachtschattengewächse, Solanaceae. Blätter wechselständig. Kelch und Blütenkrone 4- bis 5-zipflig; Staubblätter 5; Fruchtknoten oberständig; Stempel 2-fächerig. Vielfach sehr giftig, aber auch Nutzpflanzen.

1 a 1–3 m hoher, dorniger Strauch; Staubblätter frei
Gewöhnlicher Bocksdorn, ***Lycium barbarum***
— b Pflanze krautig oder, wenn am Grunde holzig, dann ohne Dornen 2
2 a Frucht stachelig .... Gewöhnlicher Stechapfel, ***Datura stramonium***
— b Frucht ohne Stacheln 3
3 a Blüten schmutzig gelb, violett geadert, Schlund dunkelpurpurn, übelriechend .... Schwarzes Bilsenkraut, ***Hyoscyamus niger***
— b Blüten anders gefärbt 4
4 a Blätter nicht gefiedert oder gefingert 7
— b Blätter gefiedert oder gefingert 5

5 a Blätter gefingert (obere zuweilen ungeteilt); Stängel strauchig, kletternd; Blüten violett; reife Beeren rot
Bittersüßer Nachtschatten, ***Solanum dulcamara***

— b Blätter gefiedert 6

6 a Blüten weiß oder bläulich; Pflanze in der Erde Knollen bildend
Kartoffel, ***Solanum tuberosum***

— b Blüten zitronengelb; Pflanze ohne Knollen Tomate, ***Solanum lycopersicum***

7 a Blüten violett braun oder rot 9

— b Blüten weiß oder schmutzig-weiß 8

8 a Frucht von dem scharlachroten, aufgeblasenen Kelch umgeben
Lampionblume, Gewöhnliche Blasenkirsche, ***Alkekengi officinarum***

— b Kelch nicht aufgeblasen, nicht rot
Schwarzer Nachtschatten, ***Solanum nigrum***

9 a Blüten violett-braun; Frucht eine glänzend schwarze Beere
Tollkirsche, ***Atropa bella-donna***

— b Blüten rot; Frucht eine Kapsel .... Virginischer Tabak, ***Nicotiana tabacum***

Wegerichgewächse, Plantaginaceae. Blüten meist in Ähren, Trauben oder blattachselständig; Krone meist zweiseitig-symmetrisch; Staubblätter 4 oder 2.

1 a Stängel beblättert 4

— b Blätter nur in grundständiger Rosette, parallelnervig, Abb. 149
Wegerich, ***Plantago*** 2

2 a Ähre, 1–2,5 cm lang; Blätter schmal lanzenförmig
Spitz-Wegerich, ***Plantago lanceolata***

— b Ähre 3–15 cm lang; Blätter breit und löffelförmig 3

3 a Staubblätter bläulich; Blätter kurz gestielt
Mittlerer Wegerich, ***Plantago media***

— b Staubblätter weißlich; Blätter lang gestielt
Großer Wegerich, ***Plantago major***

4 a Blüte mit 4 Staubblättern 9

— b Blüte mit 2 Staublättern, Abb. 68 .... Ehrenpreis, ***Veronica*** 5

Abb. 149

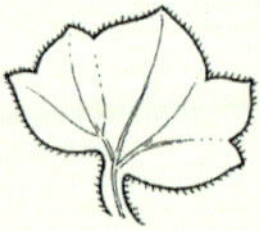
Abb. 150

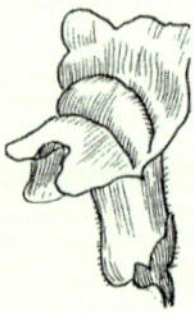
Abb. 151

Abb. 152

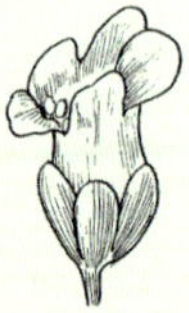
Abb. 153

5 a Blüten in Trauben ... 7
— b Blüten einzeln in den Blattachseln ... 6
6 a Blätter lang gestielt, rundlich, gelappt, Abb. 150
Efeublättriger Ehrenpreis, ***Veronica hederifolia***
— b Blätter kurz gestielt, länglich, Rand gesägt; Pflanze niederliegend bis aufsteigend ... Persischer Ehrenpreis, ***Veronica persica***
7 a Pflanze kahl; an Gewässern ... Bachbunge, ***Veronica beccabunga***
— b Pflanze behaart ... 8
8 a Stängel mit 2 Längsreihen von Haaren
Gamander-Ehrenpreis, ***Veronica chamaedrys***
— b Stängel ringsum behaart ... Echter Ehrenpreis, ***Veronica officinalis***
9 a Blätter alle wechselständig ... Fingerhut, ***Digitalis***
— b Blätter mindestens zum Teil gegenständig ... 10
10 a Krone ohne Sporn, durch Vorstülpungen der Unterlippe verschlossen, Abb. 151 ... Großes Löwenmaul, ***Antirrhinum majus***
— b Krone mit Sporn, Abb. 152 ... 11
11 a Krone hellviolett; Stängel kriechend
Mauer-Zimbelkraut, ***Cymbalaria muralis***
— b Krone gelb; Stängel aufrecht
Gewöhnliches Leinkraut, Frauenflachs, ***Linaria vulgaris***

Rachenblütler, Scrophulariaceae. Blüten regelmäßig oder zweiseitig-symmetrisch; Kronblätter verwachsen; Staubblätter 5 oder 4; Fruchtknoten oberständig, 2-fächerig.

1 a Blätter gegenständig; Blüten (Abb. 153) grünlich bräunlich, mit 4 Staubblättern; Stängel 4-kantig, nicht geflügelt
Knotige Braunwurz, ***Scrophularia nodosa***
— b Blätter wechselständig; Blüten gelb, mit 5 Staubblättern, die 3 oberen kürzer als die beiden unteren, diese kahl oder locker behaart ... 2
2 a Blüten bis 2 cm breit, Staubfäden mindestens 3-mal so lang wie die Staubbeutel ... Kleinblütige Königskerze, ***Verbascum thapsus***
— b Blüten über 3,5 cm breit, Staubfäden höchstens doppelt so lang wie die Staubbeutel ... Großblütige Königskerze, ***Verbascum densiflorum***

Lippenblütler, Lamiaceae. Stängel 4-kantig. Blätter gegenständig. Blüten meist zweiseitig-symmetrisch (2 Kronblätter bilden die Oberlippe, 3 die Unterlippe); 4 (2 lange, 2 kurze) oder 2 Staubblätter; Fruchtknoten 4-teilig, oberständig.

1 a Krone mit regelmäßigen Zipfeln, 4 Staubblätter; Pflanze mit Pfefferminzgeruch ... Minze, ***Mentha***
— b Krone zweiseitig-symmetrisch ... 2
2 a Staubblätter 2, Blüten blau (violett, rosa, weiß); Blätter vor allem grundständig; Pflanze oberwärts drüsig-klebrig ... Wiesen-Salbei, ***Salvia pratensis***
— b Staubblätter 4 ... 3

3 a Stängel wenigstens ganz unten verholzt, deutlich 4-kantig, nur auf den Kanten behaart; Blätter höchstens 1 cm lang, ganzrandig
Arznei-Thymian, Feld-Thymian, ***Thymus pulegioides***

— b Stängel krautig; Blätter größer 4

4 a Krone nur mit deutlicher Unterlippe (Abb. 154) 18

— b Krone mit deutlicher Oberlippe und Unterlippe 5

5 a Auf der Oberlippe des Kelchs ein hohler Höcker (Abb. 155)
Helmkraut, ***Scutellaria***

— b Kelch ohne Höcker 6

6 a Staubblätter länger als die Oberlippe; Kelch regelmäßig 5-zähnig; Blüten rosa-lila, in stark verzweigtem Blütenstand
Wilder Majoran, ***Origanum vulgare***

— b Staubblätter nicht länger als die Oberlippe 7

7 a Kelch mit 5 ± gleichen Zipfeln 9

— b Kelch deutlich 2-lippig 8

8 a Blüten in dichter Scheinähre; Stängel mit Blättern ....
Gewöhnliche Braunelle, ***Prunella vulgaris***

— b Blüten fast sitzend, in dichten Scheinquirlen
Gewöhnlicher Wirbeldost, ***Clinopodium vulgare***

9 a Staubblätter in der Blumenröhre eingeschlossen, nicht frei sichtbar; Pflanze mit kriechenden, wurzelnden Trieben; Blätter nierenförmig
Gundermann, ***Glechoma hederacea***

— b Zumindest die längeren Staubblätter aus der Blumenröhre herausragend 10

10 a Unterlippe der roten bis weißen Krone am Eingang zur Röhre mit 2 zahnartigen, hohlen Höckern; Stängel mit deutlich verdickten Knoten, dort nur Borstenhaare .... Gewöhnlicher Hohlzahn, ***Galeopsis tetrahit***

— b Krone ohne zahnartige Höcker 11

11 a Blüten goldgelb .... Echte Goldnessel, ***Lamium galeobdolon***

— b Blüten andersfarbig 12

12 a Unterlippe der Krone mit einem Mittellappen und 2 deutlichen, abgerundeten Seitenlappen; Blüte nie weiß 16

— b Außer einem großen, oft ausgerandeten Mittellappen höchstens kleine, spitze Seitenlappen; Blüte weiß, rot oder rötlich, ähnlich Abb. 24
Taubnessel, ***Lamium*** 13

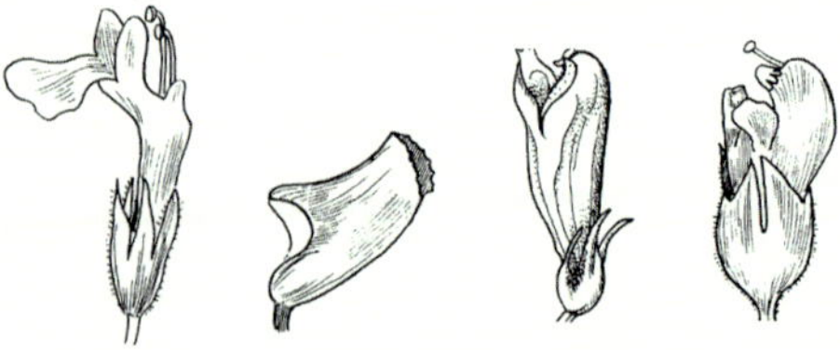

Abb. 154 Abb. 155 Abb. 156 Abb. 157

13 a Krone weiß ... Weiße Taubnessel, ***Lamium album***

— b Krone rot oder rötlich ... 14

14 a Krone 2–3 cm lang, gekrümmt; Blätter gestielt
Gefleckte Taubnessel, ***Lamium maculatum***

— b Krone kürzer, gerade oder schwach gebogen ... 15

15 a Obere und mittlere Blätter stängelumfassend
Stängelumfassende Taubnessel, ***Lamium amplexicaule***

— b Obere und mittlere Blätter nicht stängelumfassend, höchstens die oberen fast sitzend ... Rote Taubnessel, ***Lamium purpureum***

16 a Kelchröhre trichterförmig, Staubblätter nach dem Verblühen gerade; Pflanze etwas unangenehm riechend ... Schwarznessel, ***Ballota nigra***

— b Kelchröhre glockig; Staubblätter nach dem Verblühen gedreht und nach außen gebogen ... Ziest, ***Stachys*** 17

17 a Blätter breit herzförmig, gesägt, behaart, auch obere gestielt, unangenehm riechend; Blüten rot bis purpurn ... Wald-Ziest, ***Stachys sylvatica***

— b Blätter länglich, wenig behaart, obere sitzend; Blüten blassviolett
Sumpf-Ziest, ***Stachys palustris***

18 a Unterlippe 3-lappig, Kronröhre innen mit Haarring
Kriechender Günsel, ***Ajuga reptans***

— b Unterlippe scheinbar 5-spaltig, Kronröhre innen ohne Haarring
Gamander, ***Teucrium***

Sommerwurzgewächse, Orobanchaceae. Pflanzen ohne grüne Blätter (Vollschmarotzer) oder mit grünen Blättern (Halbschmarotzer). Blüten zweiseitig-symmetrisch; Kronblätter zu einer Röhre verwachsen; Staubblätter 4.

1 a Pflanze ohne grüne Blätter ... 9

— b Pflanze mit grünen Blättern ... 2

2 a Blätter in der Mehrzahl fiederteilig ... Läusekraut, ***Pedicularis***

— b Blätter ungeteilt ... 3

3 a Laubblätter alle gezähnt oder gekerbt ... 5

— b Untere Laubblätter ganzrandig ... Wachtelweizen, ***Melampyrum*** 4

4 a Kelch kahl, Abb. 156; obere Tragblätter grün
Wiesen-Wachtelweizen, ***Melampyrum pratense***

— b Kelch behaart; obere Tragblätter blau gefärbt
Hain-Wachtelweizen, ***Melampyrum nemorosum***

5 a Kelch röhrig oder glockig ... 8

— b Kelch aufgeblasen, vorn verengt ... Klappertopf, ***Rhinanthus*** 6

6 a Kelch auf der ganzen Fläche behaart (Abb. 157); Stängel oberwärts behaart
Zottiger Klappertopf, ***Rhinanthus alectorolophus***

— b Kelch weitgehend kahl; Stängel und Blätter wenig behaart ... 7

7 a Rückenlinie der Kronröhre deutlich aufwärts gekrümmt, Röhre mindestens so lang wie der Kelch, Blütenunterlippe der Oberlippe anliegend
Großer Klappertopf, ***Rhinanthus serotinus***

— b Rückenlinie der Kronröhre (fast) gerade, Röhre kürzer als der Kelch
Kleiner Klappertopf, ***Rhinanthus minor***

8 a Blüten rosa, Oberlippe der Krone ungeteilt
Roter Zahntrost, ***Odontites vulgaris***

— b Blüten weiß oder lila, violett gestreift, Schlund gelb
Gewöhnlicher Augentrost, ***Euphrasia officinalis***

9 a Blüten (Abb. 92) in allseitswendiger aufrechter Ähre
Sommerwurz, ***Orobanche***

— b Blüten in einseitswendigen Trauben, diese zur Blütezeit nickend
Schuppenwurz, ***Lathraea squamaria***

Doldenblütler, Apiaceae. Wechselständige, meist gefiederte Blätter. Blüten in einfachen oder zusammengesetzten Dolden; 5 Kelch-, 5 Kron- und 5 Staubblätter; 2 Griffel; Fruchtknoten unterständig. Frucht zerfällt bei der Reife in 2 einsamige Spaltfrüchte, Abb. 32. Manche Arten sehr giftig, aber auch Nutzpflanzen.

1 a Blätter linealisch, ungeteilt; Blüten 3- oder 6-zählig
Liliaceae, weiter in Tab. IV, 55 T-33

— b Blätter gefiedert oder fiederteilig; Blüten 5-zählig 2

2 a Frucht kahl 4

— b Frucht mit Borsten oder mindestens in der Jugend behaart 3

3 a Fiederblättchen 3–10 cm breit; Frucht in der Jugend behaart
Wiesen-Bärenklau, ***Heracleum sphondylium***

— b Fiederblättchen wenige mm breit; Frucht mit Borsten
Wilde Möhre, ***Daucus carota***

4 a Hülle 3- bis mehrblättrig .... Gefleckter Schierling, ***Conium maculatum***

— b Hülle fehlend oder 1- bis 2-blättrig 5

5 a Hüllchen 3- bis mehrblättrig 9

— b Hüllchen fehlend oder 1- bis 2-blättrig 6

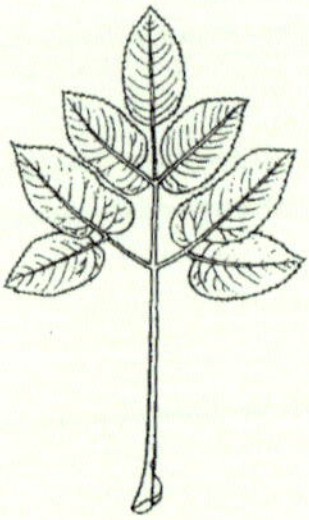
Abb. 158

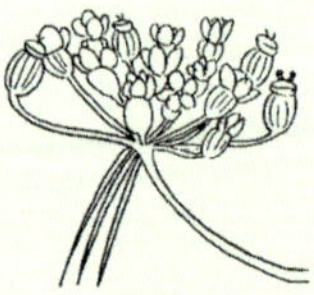
Abb. 159

6 a Blüte gelb; Stängel kantig gefurcht
Gewöhnlicher Pastinak, ***Pastinaca sativa***

— b Blüte weiß oder rötlich weiß 7

7 a Blätter doppelt 3-zählig, Abb. 158
Geißfuß, Giersch, ***Aegopodium podagraria***

— b Blätter gefiedert, nicht 3-zählig 8

8 a Grundblätter doppelt bis 3-fach gefiedert, Stängelblätter an der Basis mit feinen Blättchen; Pfl. nach Kümmel riechend Echter Kümmel, ***Carum carvi***

— b Grundblätter ungeteilt oder einfach gefiedert; Dolden kurz gestielt; Pflanze nach Sellerie riechend .... Echter Sellerie, ***Apium graveolens***

9 a Blätter nicht fein zerteilt, Abschnitte über 1 mm breit 11

— b Blätter fein zerteilt, Abschnitte haarfein, kaum 1 mm breit 10

10 a Blattscheiden 3–5 cm lang, verdickt; Frucht im Querschnitt rundlich
Gewöhnlicher Fenchel, ***Foeniculum vulgare***

— b Blattscheiden kürzer; Frucht linsenförmig, breit geflügelt
Gewöhnlicher Dill, ***Anethum graveolens***

11 a Blüten weiß oder rötlich weiß 13

— b Blüten gelb, grüngelb oder grünweiß 12

12 a Pflanze 50–150 cm hoch; Fiederblättchen 3–10 cm breit, fast ohne Duft
Wiesen-Bärenklau, ***Heracleum sphondylium***

— b Pflanze 40–90 cm hoch; Blätter 2- bis 3-fach gefiedert; Fiederblättchen schmaler, beim Reiben stark duftend .... Garten-Petersilie, ***Petroselinum crispum***

13 a Hüllchenblätter kahl; Frucht höchstens doppelt so lang wie breit 16

— b Hüllchenblätter bewimpert; Frucht 3- bis 6-mal so lang wie breit 14

14 a Reife Frucht fast völlig glatt, glänzend Wiesen-Kerbel, ***Anthriscus sylvestris***

— b Reife Frucht der Länge nach gerippt .... Kälberkropf, ***Chaerophyllum*** 15

15 a Endfiedern der Blätter mit stumpfer Spitze, eiförmig; Dolde 6- bis 12-strahlig; Frucht bis 7 mm lang .... Taumel-Kälberkropf, ***Chaerophyllum temulum***

— b Endfiedern der Blätter mit lang zugespitzt; Dolde 12- bis 18-strahlig; Frucht über 8 mm lang .... Gold-Kälberkropf, ***Chaerophyllum aureum***

16 a Stängel markig; Landpflanze; meist 3 Hüllchenblätter nach außen gerichtet, lang, herabhängend, Abb. 159
Gewöhnliche Hundspetersilie, ***Aethusa cynapium***

— b Stängel hohl 17

17 a Kelch deutlich 5-zähnig; unterirdischer Stängel durch Querwände fächerig; Wasserpflanze .... Gift-Wasserschierling, ***Cicuta virosa***

— b Kelch undeutlich; Blattfiedern bis 3 cm breit, Blattscheiden stark aufgeblasen; Früchte geflügelt .... Wilde Engelwurz, ***Angelica sylvestris***

Glockenblumengewächse, Campanulaceae. Blätter wechselständig. Blütenkrone röhrig-trichterförmig; Staubbeutel untereinander verwachsen, Pollen auf „Fegehaare" des Griffels entleerend; Fruchtknoten unterständig.

1 a Blütenkrone glockenförmig oder trichterförmig
Glockenblume, ***Campanula*** 3
— b Zipfel der Blütenkrone anfangs oben verbunden, später vom Grund aus sich trennend; Blüten in dichten Ähren oder Köpfchen 2
2 a Blütenkronröhre krallenförmig gekrümmt; Narben fadenförmig; Blüten in verlängerten Ähren, weißlich .... Ährige Teufelskralle, ***Phyteuma spicatum***
— b Blüten in flachen Köpfchen .... Sandglöckchen, ***Jasione***
3 a Buchten zwischen den Kelchzipfeln mit zurückgeschlagenen Anhängseln; mittlere Stängelblätter 1,5–3 cm breit; Zierpflanze
Marien- Glockenblume, ***Campanula medium***
— b Buchten zwischen den Kelchzipfeln ohne Anhängsel 4
4 a Untere Stängelblätter über 1 cm breit; Stängel über 50 cm hoch; Blüten einseitswendig, bis 30 mm lang
Acker-Glockenblume, ***Campanula rapunculoides***
— b Stängelblätter schmaler als 1 cm 5
5 a Krone bis zur Mitte eingeschnitten, Abb. 160; reife Kapsel mit Öffnungen in oder oberhalb der Mitte; Blätter alle lanzenförmig Wiesen-Glockenblume, ***Campanula patula***
— b Krone weniger als bis zur Mitte eingeschnitten, Abb. 161; reife Kapsel mit Öffnungen am Grund; die unteren, zur Blütezeit meist verwelkten Blätter rundlich
Rundblättrige Glockenblume, ***Campanula rotundifolia***

Abb. 160

Abb. 161

Korbblütler, Asteraceae. Die kleinen Blüten der Korbblütler stehen in Körbchen, die wie eine Einzelblüte aussehen. Blütenkrone entweder 5-zipflige Röhre oder zungenförmig; Kelch meist als Haarkrone ausgebildet; die 5 Staubbeutel sind zu einer Röhre verwachsen, Pollen auf Fegehaare des in der Staubblattröhre befindlichen Griffels entleerend. Frucht oft mit Haarkrone.

Die Bestimmung der Arten dieser sehr artenreichen Familie läuft meist über das Vorhandensein von Zungen- und/oder Röhrenblüten. Hier werden aber abweichend davon zunächst vor allem andere auffällige Merkmale verwendet.

1 a Pflanze zur Blütezeit mit wohlausgebildeten Blättern 3
— b Zur Blütezeit nur schuppenförmige Blätter am Blütenschaft 2

2 a Blütenkörbchen einzeln, gelb .... Huflattich, ***Tussilago farfara***
— b Blütenkörbchen in Trauben, rötlich; Blätter eckig, am Grund mit abgerundeten Lappen, die sich über den Stiel hinweg ± berühren, Blattstiel oberseits tief gefurcht .... Gewöhnliche Pestwurz, ***Petasites hybridus***
3 a Pflanze ohne Stacheln oder Dornen 14
— b Pflanze mit Stacheln oder Dornen an Blättern, Stängeln oder Blütenkörbchen 4
4 a Blätter und Stängel mit Stacheln 6
— b Blätter und Stängel ohne Stacheln, nur Hüllkelch des Blütenkörbchens stechend, mit hakig umgebogenen Spitzen .... Klette, ***Arctium*** 5
5 a Stiele der Grundblätter markig; Hüllblätter bis zur Spitze grün
Große Klette, ***Arctium lappa***
— b Stiele der Grundblätter hohl; Hüllblätter an der Spitze rötlich; Köpfchen 1–3 cm im Durchmesser .... Kleine Klette, ***Arctium minus***
6 a Pflanze ohne Milchsaft (Pflanze verletzen) 8
— b Pflanze mit Milchsaft 7
7 a Stängelblätter meist senkrecht gestellt; Stängel markig
Stachel-Lattich, Kompass-Lattich, ***Lactuca serriola***
— b Stängelblätter waagerecht gestellt; Stängel hohl
Gänsedistel, ***Sonchus***, vgl. 32 b
8 a Haare der Haarkrone einfach, Abb. 163 .... Distel, ***Carduus*** 13
— b Haare oder Haarkrone gefiedert, Abb. 162 .... Kratzdistel, ***Cirsium*** 9
9 a Blüten gelblich weiß; Köpfchen zu mehreren, von bleichgelben Hochblättern umgeben .... Kohl-Kratzdistel, ***Cirsium oleraceum***
— b Blüten rötlich, violett oder purpurn 10
10 a Blattoberfläche mit feinen Stacheln besetzt
Gewöhnliche Kratzdistel, ***Cirsium vulgare***
— b Blattoberfläche ohne Stacheln, kahl oder kurzhaarig 11
11 a Stängel durch den herablaufenden Blattgrund dornig-kraus geflügelt; Köpfchen in kurz gestielten Knäueln .... Sumpf-Kratzdistel, ***Cirsium palustre***
— b Stängel ± glatt 12

Abb. 162

Abb. 163

Abb. 164

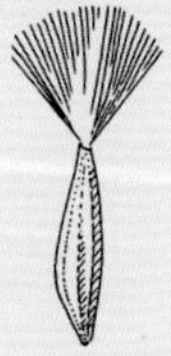
Abb. 165

Abb. 166

12 a Stängel sehr kurz, selten bis 20 cm hoch, mit 1 Köpfchen
Stängellose Kratzdistel, ***Cirsium acaulon***
— b Stängel höher, mit mehreren Köpfchen Acker-Kratzdistel, ***Cirsium arvense***
13 a Blütenkörbchen nickend .... Nickende Distel, ***Carduus nutans***
— b Blütenkörbchen aufrecht .... Krause Distel, ***Carduus crispus***
14 a Stängel beblättert 19
— b Blätter alle grundständig (höchstens kleine lanzenförmige Hochblätter am Stängel) 15
15 a Innere Blüten (Scheibenblüten) gelb, Randblüten weiß oder rötlich weiß
Ausdauerndes Gänseblümchen, ***Bellis perennis***
— b Alle Blüten gelb 16
16 a Blütenschaft verzweigt
Herbst-Schuppenlöwenzahn, ***Scorzoneroides autumnalis***
— b Blütenschaft unverzweigt 17
17 a Blütenschaft hohl
Löwenzahn, Kuhblume, ***Taraxacum*** (artenreiche Gattung)
— b Blütenschaft markig 18
18 a Pflanze mit langen Ausläufern; Stängel grauhaarig; Blätter ganzrandig, Oberseite mit langen Haaren .... Kleines Habichtskraut, ***Pilosella officinarum***
— b Pflanze ohne Ausläufer; Stiel nach oben etwas verdickt; Blätter gebuchtet; Haarkrone schmutzig weiß .... Rauer Leuenzahn, ***Leontodon hispidus***
19 a Blütenkörbchen von einem Stern weißfilziger Blätter umgeben
Alpen-Edelweiß, ***Leontopodium alpinum***
— b Blütenkörbchen nicht von einem Stern weißfilziger Blätter umgeben 20
20 a Blüten mindestens teilweise nicht gelb 42
— b Blüten vollständig gelb 21
21 a Blätter wechselständig 24
— b Blätter gegenständig 22
22 a Untere Blätter fiederteilig; Zierpflanze (Blüten auch in anderen Farben)
Dahlie, ***Dahlia***
— b Blätter 3-teilig oder ungeteilt 23
23 a Frucht mit Haarkrone .... Berg-Wohlverleih, Echte Arnika, ***Arnica montana***
— b Frucht mit 2 widerhakigen Borsten, Abb. 164 .... Zweizahn, ***Bidens***
24 a Pflanze bis 2,5 m hoch; Blütenkorb 20–40 cm breit
Gewöhnliche Sonnenblume, ***Helianthus annuus***
— b Pflanze und Blütenkorb kleiner 25
25 a Pflanze ohne Milchsaft 36
— b Pflanze mit Milchsaft 26
26 a Gemüsepflanze, gelblich grün, völlig kahl; untere Stängelblätter eiförmig oder rundlich .... Garten-Lattich, Grüner Salat, ***Lactuca sativa***
— b Pflanze wildwachsend; Blätter anders 27
27 a Früchte ohne Haarkrone; zahlreiche Köpfchen
Gewöhnlicher Rainkohl, ***Lapsana communis***
— b Früchte mit Haarkrone 28

28 a Köpfchenboden mit sich leicht ablösenden Spreublättern; Köpfchen 2–3 cm breit; Pflanze mit Grundblattrosette; Stängel kahl, nur mit schuppenförmigen Blättern .... Gewöhnliches Ferkelkraut, ***Hypochaeris radicata***
— b Köpfchenboden ohne Spreublätter 29
29 a Haarkrone aus gefiederten Haaren zusammengesetzt; Blätter ganzrandig; Stängel unter dem Köpfchen nur wenig oder nicht verdickt
Artengruppe Wiesen-Bocksbart, ***Tragopogon pratensis*** agg.
— b Haarkrone aus einfachen Haaren 30
30 a Früchte fast stielrund, oben verschmälert (Abb. 165); Haarkrone biegsam, schneeweiß; Hüllkelch 2-reihig, Innen- und Außenseite behaart; Griffel gelb; Pflanze mit vielen Blütenköpfchen; mit Stängelblättern, die oberen sitzend
Wiesen-Pippau, ***Crepis biennis***
— b Früchte flach zusammengedrückt 31
31 a Köpfchen mit 5–6 Einzelblüten .... Mauerlattich, ***Mycelis muralis***
— b Köpfchen mit vielen Einzelblüten 32
32 a Blätter am Rand nicht borstig-dornig gezähnt; Frucht unten verschmälert, von der Mitte bis oben fast gleich dick (Abb. 166); Haarkrone schmutzig weiß, zerbrechlich; Hüllkelch meist dachziegelartig
Habichtskraut, ***Hieracium***
(viele, oft nicht ganz einfach bestimmbare Arten, z. B.) 35
— b Blätter am Rand borstig-dornig gezähnt .... Gänsedistel, ***Sonchus*** 33
33 a Stängel erst im Blütenstand verzweigt; Hüllkelch und Blütenstiele dicht gelbdrüsig .... Acker-Gänsedistel, ***Sonchus arvensis***
— b Stängel ästig verzweigt; Hüllkelch (meist) drüsenlos 34
34 a Stängelblätter glanzlos, am Grund mit zugespitzten, vorgestreckten Öhrchen .... Kohl-Gänsedistel, ***Sonchus oleraceus***
— b Stängelblätter dunkelgrün-glänzend, am Grund mit abgerundeten, angedrückten Öhrchen .... Dornige Gänsedistel, ***Sonchus asper***
35 a Grundblätter 1–2, zur Blütezeit fehlend, 10–15 Stängelblätter; Hüllkelchblätter unregelmäßig stehend, spärlich drüsig, bleichrandig
Glattes Habichtskraut, ***Hieracium laevigatum***
— b Grundblätter 5–6, gestielt, 0–1 Stängelblätter; Köpfchenstiele meist unbehaart, aber flockig und schwarzdrüsig Wald-Habichtskraut, ***Hieracium murorum***
36 a Blätter unzerteilt, gezähnt, gesägt, gelappt oder ganzrandig 39
— b Blätter gefiedert oder fiederteilig 37
37 a Strahlenblüten vorhanden .... Frühlings-Greiskraut, ***Senecio vernalis***
— b Strahlenblüten fehlend 38
38 a Blütenkörbchen 4–5 mm breit, walzenförmig
Gewöhnliches Greiskraut, ***Senecio vulgaris***
— b Blütenkörbchen 5–8 mm breit, halbkugelig .... Rainfarn, ***Tanacetum vulgare***
39 a Früchtchen ohne Haarkrone .... Saat-Wucherblume, ***Glebionis segetum***
— b Früchtchen mit Haarkrone 40
40 a Pflanze bis 30 cm hoch; Blütenköpfchen 6–7 mm breit, kugelig, in dichten, endständigen Doldentrauben; Blätter beiderseits grauwollig
Sand-Strohblume, ***Helichrysum arenarium***

— b Pflanze über 50 cm hoch; Blütenstand rispig mit sehr vielen Köpfchen … 41

41 a Stängel dicht kurzhaarig; Randblüten ± so lang die Scheibenblüten
Kanadische Goldrute, ***Solidago canadensis***

— b Stängel (fast) kahl; Randblüten viel länger als die Scheibenblüten
Riesen-Goldrute, ***Solidago gigantea***

42 a Blüten nicht blau, rot oder rötlich blau oder jedes Körbchen 2-farbig … 49

— b Blüten blau, rot oder rötlich blau … 43

43 a Einzelblüten kurz gestielt
Glockenblumengewächse, **Campanulaceae** T-66

— b Einzelblüten sitzend, in Köpfchen … 44

44 a Blätter gegenständig; jede Einzelblüte mit grünem Kelch
Knautia, ***Knautia***, Skabiose, ***Scabiosa***, Geißblattgewächse, Familienschlüssel **Caprifoliaceae** T-71

— b Blätter wechselständig … 45

45 a Blätter handförmig 3- bis 5-teilig; Köpfchen rosa, mit 5–6 Röhrenblüten, Griffel weit herausragend … Wasserdost, ***Eupatorium cannabinum***

— b Blätter anders … 46

46 a Blätter mit lappigem Grund stängelumfassend
Gewöhnliche Wegwarte, ***Cichorium intybus***

— b Blätter mit verschmälertem Grund sitzend oder gestielt … 47

47 a Blüten himmelblau … Kornblume, ***Cyanus segetum***

— b Blüten rosa oder purpurn … Flockenblume, ***Centaurea*** 48

48 a Blätter ungeteilt … Wiesen-Flockenblume, ***Centaurea jacea***

— b Blätter fiederteilig oder fiederspaltig
Skabiosen-Flockenblume, ***Centaurea scabiosa***

49 a Köpfchen nicht 2-farbig, Blüten unscheinbar … [***Artemisia***, ***Erigeron***] 58

— b Köpfchen 2-farbig, in der Mitte gelbe Röhrenblüten, Zungenblüten am Rand nicht gelb … 50

50 a Mindestens die unteren Blätter gefiedert oder fiederteilig … 52

— b Blätter ungeteilt, höchstens gezähnt … 51

51 a Meist nur 5 kleine weiße Zungenblüten; mehrere kleine Köpfchen auf einem stark verzweigten, kaum behaarten Stängel, Köpfchenstiele dicht behaart und schwach drüsig
Kleinblütiges Knopfkraut, Franzosenkraut, ***Galinsoga parviflora***

— b Viele große weiße Zungenblüten; Köpfchen groß, meist einzeln an der Spitze des Stängels … Wiesen-Margerite, ***Leucanthemum ircutianum***

52 a Blütenkörbchen 3–6 mm breit
Gewöhnliche Schafgarbe, ***Achillea millefolium***

— b Blütenkörbchen größer … 53

53 a Blütenboden ohne Spreublätter … 55

— b Blütenboden mit Spreublättern … 54

54 a Gartenzierpflanze mit über 5 cm großen, oft „gefüllten" Blütenkörben (auch gelb, s. 22a) … Dahlie, ***Dahlia***

— b Ackerunkraut; Blütenkörbe kleiner als 5 cm
Acker-Hundskamille, ***Anthemis arvensis***

55 a Blätter 1- bis 2-fach gefiedert, Abschnitte nicht fadenförmig
Mutterkraut, ***Tanacetum parthenium***
— b Blätter 2- bis 3-fach gefiedert, mit fast fadenförmigen Abschnitten 56
56 a Pflanze geruchlos; Blütenkorbboden markig
Duftlose Kamille, ***Tripleurospermum inodorum***
— b Pflanze stark nach Kamille duftend 57
57 a Zungenblüten vorhanden, weiß, Röhrenblüten goldgelb; Blütenkorbboden hohl .... Echte Kamille, ***Matricaria chamomilla***
— b Zungenblüten fehlend, Röhrenblüten grünlich gelb
Strahlenlose Kamille, ***Matricaria discoidea***
58 a Blätter gefiedert .... Gewöhnlicher Beifuß, ***Artemisia vulgaris***
— b Blätter nicht gefiedert, fast ganzrandig
Kanadisches Berufkraut, ***Erigeron canadensis***

Geißblattgewächse, Caprifoliaceae. Blüten strahlig oder zweiseitig-symmetrisch, 4- bis 5-spaltig; Staubblätter 1–5; Fruchtknoten unterständig. Blätter gegenständig.

1 a Krautige Pflanzen 3
— b Aufrechte oder kletternde Sträucher 2
2 a Blüten tief 2-lippig .... Heckenkirsche, Geißblatt, ***Lonicera*** (vgl. Tab. I)
— b Blüten fast radiär, bis 6 mm lang; Frucht weiße Beere; Zierstrauch
Weiße Schneebeere, ***Symphoricarpos albus***
3 a Staubblätter 1 oder 3 .... Baldrian, ***Valeriana***
— b Staubblätter 4 4
4 a Pflanze stachelig .... Wilde Karde, ***Dipsacus fullonum***
— b Pflanze nicht stachelig 5
5 a Blütenboden ohne Spreublätter, rauhaarig, Blüte 4-zipfelig
Acker-Witwenblume, ***Knautia arvensis***
— b Blütenboden mit Spreublättern besetzt, Blüte 5-zipfelig
Skabiose, ***Scabiosa*** 6
6 a Blüten blauviolett .... Tauben-Skabiose, ***Scabiosa columbaria***
— b Blüten blassgelb .... Gelbe Skabiose, ***Scabiosa ochroleuca***

Register

HInweis: Wissenschaftliche Gattungsnamen stehen in kursiver Schrift.

Bibliografische Information der Deutschen Nationalbibliothek
Die Deutsche Nationalbibliothek verzeichnet diese Publikation in der Deutschen Nationalbibliografie; detaillierte bibliografische Daten sind im Internet über http://dnb.d-nb.de abrufbar.

126. Auflage

www.quelle-meyer.de

Umschlagabbildungen: Michael Koltzenburg
Druck und Verarbeitung: Plump Druck & Medien GmbH, Rheinbreitbach
Printed in Germany/Imprimé en Allemagne
ISBN 978-3-494-01912-3